LIVING IN
A VISIBLE AND INVISIBLE
WORLD

Invisible

活在
看得见和看不见的
世界里

马剑波

根据罗伯特·H. 尼尔森的《很像老天爷》改写

科学出版社
· 北京 ·

图字：01-2018-6968 号

图书在版编目（CIP）数据

活在看得见和看不见的世界里 /（美）罗伯特·H.尼尔森（Robert H. Nelson）原著；马剑波改写. —北京：科学出版社，2019.6

书名原文：God? Very Probably

ISBN 978-7-03-061037-9

Ⅰ. ①活…　Ⅱ. ①罗… ②马…　Ⅲ. ①自然科学 – 通俗读物　Ⅳ. ①N.49

中国版本图书馆CIP数据核字(2019)第070722号

责任编辑：李　敏 / 责任校对：樊雅琼

责任印制：肖　兴 / 整体设计：林海波

科学出版社 出版

北京东黄城根北街16号

邮政编码：100717

http://www.sciencep.com

北京汇瑞嘉合文化发展有限公司 印刷

科学出版社发行　各地新华书店经销

*

2019年6月第　一　版　开本：787×1092　1/24

2019年6月第一次印刷　印张：10 1/3

字数：160 000

定价：68.00元

（如有印装质量问题，我社负责调换）

有一些问题，

我们很久以前就认为已经解决了，

但是现在，

我们非常惊讶地发现，

我们之前的认识是错误的。

——著名物理学家尼尔斯•玻尔（Niels Bohr，1885—1962）

要探索未知，

就要首先承认我们的无知。

要认识到，

我们自以为已经知道的任何东西都可能是不确定的。

——著名物理学家理查德•费恩曼（Richard Feynman，1918—1988）

前 言

日常生活中充满了各种各样的奇迹，但是，因为司空见惯的缘故，很多人甚至没有意识到它们是奇迹。例如，智能手机不需任何电线连接，就能接打电话和收发信息；一架飞机可以在数小时内把数百人从北京运到伦敦；现代医学可让某些失明者重见光明；搜索引擎可让我们即时找到各种信息；汽车导航仪让路痴也不至于迷路。假如有人可以穿越时间回到 1800 年，向那时的人们说人类能够制造出这些东西，他们一定会认为是痴人说梦，因为只有故事里的神仙才能做到这些。

很多人之所以不把这些科技产品当成奇迹，是因为在他们眼里，创造这些产品的，不是神仙，而是科学。然而，在科学家眼里，这一切充满了神秘，因为归根到底，造就这一切的，并不是科学家的智慧，他们只是“发现”了科学规律并利用它们制造出了高科技产品，但是他们根本不知道这些规律从何而来。

当然，最不可思议的奇迹，莫过于我们生活的这个宇宙：它就像经过了精心设计一样，以令人难以置信的方式有条不紊地运转着；它不仅造就了我们身处的这个美丽星球并孕育了上面的生命，而且让我们人类拥有能够观察世界和思考问题的智慧。

这个奇迹是如何产生的？为什么宇宙的运转比我们能想到的任何仪器都精准？控制着自然界运行的物理和数学规律是从哪里来的？人到底是如何进化来的？人的意识和智慧从何而来？为什么科学家发现物质似乎也能思考？

我们尽管已经在科学研究上取得了那么多成就，可一旦涉及这种根本性问题，就只能老老实实地说不知道。不少科学家认为，除了我们看得见的这个物理世界之外，还存在着我们看不见的隐藏着的世界，要想在科学研究上取得更大突破，就不能只是研究这个看得见的世界，而是还要积极探索那隐藏着的世界。

本书较为详细地介绍了世界上最顶尖的科学家和思想家在上述问题上的思考、困惑、意见分歧、激烈争吵甚至尖刻的相互指责。

本书专为大众读者而写，通俗易懂。希望它不仅能进一步引发您对相关问题的好奇心，也能给您带来阅读的愉悦。

马剑波（2019 年 3 月）

目录

第一章　是不是巧合？

宇宙到底是怎么来的？迄今为止，科学界普遍接受的一个假说是大爆炸，即宇宙是在大约 138 亿年前的一次大爆炸之后形成的。可是，那到底是一次什么样的爆炸，才刚好造就了一个如此神奇的世界？

不可思议的奇迹

中央电视台电影频道（CCTV6）曾经在2006年8月1日至3日播出过一个大型纪录片《探索宇宙起源之谜》，介绍了科学界对于宇宙起源的认识，并提出了这样一个问题：为什么宇宙的形成看起来如此不可思议？

神奇的宇宙（插图来源：Thinkstockphotos）

纪录片的开场白是这样的：宇宙中的所有物质和能量，即使是时空，都形成于大爆炸的一瞬间。但那绝不是一次毫无秩序的爆炸，它似乎相当有节奏，相当协调，似乎已经设计好了，对我们和我们的星球都有利。

片中讲述了宇宙形成过程中很多不可思议的现象，比如月球在地球形成过程中可能起到的神奇作用：月球长期以来都令天文学家相当迷惑，它和地球的关系如此密切，以至于地球和月球经常被划分为一个双星体系。但是通过对重力的研究表明，在距离太阳如此之近的情况下，单一的大气和层云是不能形成这样的双星行星的，那么月球一定是后来经过某些不同寻常的过程形成的。对月球的探索使我们确认，月球上的岩石和地球上的岩石在化学构成上是不同的。通过对月球岩石辐射性衰变的研究，研究者发现月球实际上要比地球晚 1 亿年形成。20 世纪 90 年代，曾经有一个解释月球存在的假说，在科学界获得了比较广泛的认同。根据这个假说，大约 45 亿年前，一个类似火星大小的星体坠毁，撞击了地球。它坠毁的速度很快，每小时超过了 20 万 mi（1mi ≈ 1.6km）。这个星体的大部分物质被地球吸收，但是这次碰撞，也在地球周围形成了一圈厚厚的星云和岩石碎片，同时重力把这些岩石碎片聚集成了一个实体——月球。与此同时，地球失去了完整的大气层，从地壳中释放的气体形成了一层新的、很薄的大气层。这样一场碰撞看起来似乎是一场灾难，但据考证恰好相反，这一碰撞使地球发生了一些变化，而且最终使这个星球适合生命的生存。这种有利于人类的碰撞发生的概率是令人惊异的，一个星球与地球相撞，需要有合适的体积，以合适的速度运转，在合适的角度发生碰撞，有合适的物质构成，而且还要在地球发展到合适的阶段发生。如果这些因素中的任何一个有百分之几的偏差，地球今天就会是荒芜贫瘠的。如果这种碰撞没有发生，那么地球的大气层就会比现在重得多，甚至比我们的邻居金星的还要重。金星充满 CO_2 的大气层会立即杀死所有的生命。地球在碰撞中额外获得的陆地以及大气层的变化使地球上的水能够以三种状态存在，也就是冰、液态水和水蒸气，而且水量巨大，足以形成一个水循环。我们知道，水的循环是生命能够生存的基本条件。

关于地球上的生命，纪录片是这样总结的：我们观察到生命的存在是那么多因素共同作用的结果，因素之多简直令人惊奇，一个星系内有一个行星（也就是地球）具备所有这些特征，这似乎只能说是一个奇迹。

著名物理学家、剑桥大学教授史蒂芬·霍金（Stephen Hawking，1942—2018）在纪录片中这样说道："似乎很难解释宇宙为何这样产生，（因为这看上去像是一种）不可思议的安排。"因发现宇宙背景中的辐射而在 1978 年获得诺贝尔物理学奖的阿诺·彭齐亚斯（Arno Penzias）感慨道："天文学带我们探索一个独特的世界，一个从无到有的宇宙。这个宇宙的存在是非常微妙的平衡，这恰是生命存在必需的条件，一切似乎是预先设计好的。"

难以置信的精确

宇宙的日常运转比我们能够想到的任何仪器都要精准。在国际科学界，"精确校准的宇宙"（Fine-Tuned Universe）是一个专有名词，代表着一个不解之谜。[1]

所谓"精确校准"，指的是宇宙的运行遵循着一定的物理规律，而这些物理规律里包含着大量的常数（常量），只有当这些常数（常量）落在一个非常小的范围内的时候，生命才有可能存在，只要这些常数中的几个发生非常细微的变化，我们生活的这个地球

[1] 也有人把这个名词译为"微调的宇宙"，见华东师范大学出版社 2013 年出版的《微调的宇宙——在科学与神学中探索上帝》，作者麦格拉斯（Alister McGrath），译者蔡蓁。

不仅不可能有生命，而且就连现在已有的物质、结构以及元素多样性也不可能存在。[2]

例如，万有引力的常量是 $6.67\times10^{-11}\ \mathrm{N\cdot m^2/kg^2}$，如果它与现在的值相比有一丁点儿的偏离，那么宇宙将不是现在的样子。

又如，英国皇家学会前主席、剑桥大学荣誉教授、天体物理学家马丁·里斯（Martin Rees）在《六个数：塑造宇宙的深层力》一书中描述了对于宇宙运行至关重要的六个常数，如果其中任何一个不是像现在这么精准，那么恒星和生命都无法形成。[3]

再如，质子质量必须几乎正好是电子质量的 1836 倍，才能形成像 DNA 和 RNA 那样复杂的分子，而它们是生命体的基本组成部分。[4]

美国物理学家罗伯特·迪克（Robert Dicke，1916—1997）在 1961 年的一篇文章中感叹道：物理学的某些常数，如果不是精确到完美的程度，是不可能让生命存在的。[5] 英

---

[2] Rees, Just Six Numbers: The Deep Forces That Shape The Universe，4; Gribbin and Rees, Cosmic Coincidences: Dark Matter, Mankind, and Anthropic Cosmology, 7, 269; Davies, Cosmic Jackpot: Why Our Universe Is Just Right for Life, 2; Hawking, A Brief History of Time, 7, 125.

[3] Rees, Just Six Numbers: The Deep Forces That Shape The Universe.

[4] Holder, Big Bang, Big God, 90.

[5] Dicke, "Dirac's Cosmology and Mach's Principle", 440-441.

国天体物理学家约翰·格里宾（John Gribbin）和里斯在1989年的《宇宙的巧合》一书中发出了这样的疑问："宇宙似乎确实为包括人类在内的生命甚至所有有机物提供了独一无二、恰到好处的生存条件，难道宇宙是专门为人类量身定做的吗？"[6] 英国物理学家弗雷德·霍伊尔（Fred Hoyle, 1915—2001）在1983年的《智慧宇宙》一书中不仅对精准的宇宙感到不可思议，而且对地球上生命体的复杂程度表示惊叹。他写道：生物化学家们的发现越来越表明，生命体的复杂程度让人敬畏，显然，因为随机变异而产生如此复杂的生命体的概率，实在太小了。[7]

是碰巧了吗？

既然宇宙的运转如此精妙，那么一个绕不过去的问题是，这一切只是个巧合吗？如果世界真的是宇宙大爆炸后随机形成的，那么任何一个稍微懂点概率常识的人就知道，

---

[6] Gribbin and Rees, Cosmic Coincidences: Dark Matter, Mankind, and Anthropic Cosmology, 7, 269.

[7] Hoyle, The Intelligent Universe, 11-12.

因为巧合而造就一个如此神奇的世界以及如此智慧的我们的概率实在太小了，准确地说，其概率无限接近于零。

这很容易理解，想象一个人从高处抛硬币，硬币落地时能够站立（也就是既不正面着地，也不反面着地，而是侧面站立）的概率是非常小的，而连续多次都让硬币站立的概率就更小了，因此，如果有个人说他连续扔了 10 次都让硬币站住了，你无论如何也不会相信，除非是他做了某种手脚。显然，因为巧合而出现这个世界的概率，比起连续扔 10 次硬币都能让其站立的概率，还要小太多了。

抛 10 次硬币都能让其落地时站立的可能性有多大？
（插图来源：Thinkstockphotos）

而如果不是巧合，那就相当于说，现在的这个宇宙不是大爆炸之后随机形成的。那么，它又是如何来的呢？

不少人用类似下面的推理来说明宇宙完全有可能是因为巧合而形成的。以一个名叫张三的人为例。他的存在就是一个奇迹，且不说他的父母是如何相遇的以及他们各自的父母又是如何相遇的，也不说他母亲的卵子是如何在他父亲的很多个精子之中选择其中一个的，在人类的漫长进化过程中，只要张三的无数个直系祖先之中的任何一个因为疾病、意外伤害、自然灾害、战争或其他原因在生育下一代前就夭折，也就根本不会有现在的张三了。也就是说，张三有幸来到这个世界上，是很多种因素同时起作用的结果，概率极小。而且，世界上每个人都是独一无二的，在张三出生之前就没有与他长得一模一样的人，而且将来也不会再有与他完全一样的人，因此，张三的存在简直就是个奇迹。但是，现实生活中这样的奇迹司空见惯，因为我们每个人都是。

有些人希望通过这个类比来说明，我们看待精准的宇宙也应该这样，虽然它的存在看上去是个奇迹，但这就好比张三的存在一样，不值得大惊小怪。

乍听上去，这个类比有道理。但是，“宇宙的存在”与“张三的存在”有一个非常重要的不同之处。在张三出生之前，已经发生了一系列相关事件：首先，他的父亲和母亲发生了“结合”；再往前追溯，他们各自的父母发生了“结合”；如果从更久远的历史来看，地球上已经有了人类；如果再继续刨根问底，地球在 46 亿年以前就已经存在了。所以，“张三这个独一无二的人刚好在某年某月某日某个时刻出生”这件事虽然概率极小，但它是以此前已经发生的一系列已知事件为基础。而“宇宙大爆炸”就不一样了，由于它是创造世界的一次爆炸，所以，我们可以假定在它发生之前什么东西也没有，什么事情也没有。

有很多个宇宙吗？

最近几十年来，一些物理学家提出了“多重宇宙论”。其基本内容是：宇宙有很多个，我们所在的这个只是其中之一，而且，这些宇宙不是创造出来的，而是永恒存在的。“多重宇宙”这个说法由著名物理学家埃尔温·薛定谔（Erwin Schrödinger, 1887—1961）在 1952 年的一个讲座中首次提及，在那之后，一些物理学家用它来解释精确校准的宇宙。[8]

[8] Deutsch, The Beginning of Infinity, 310.

多重宇宙（插图来源：Thinkstockphotos）

如果这个说法真的成立，那么“是不是巧合”的问题就迎刃而解了，因为如果同时存在着很多个宇宙，那么虽然我们所在的这一个看上去像经过了精确校准，但是，在很多个宇宙之中出现这么一个奇迹，是有可能的。

但是，这个理论有两个弱点。第一，我们这个宇宙目前的状态是很多自然常数共同作用的结果，由于这些常数大都极其精确，所以要想让所有的常数都“同时”落在指定范围内，其概率几乎为零。如此小概率的情况如果不是巧合，就一定需要有无数个宇宙才有说服力。第二，如果说除了这个宇宙之外还有别的，那我们又如何去验证它们是否存在呢？从人类目前的认知水平来看，我们既无法通过实际观察来验证它们的存在，也无法验证它们的不存在，也就是说，多重宇宙这个假说无法证伪。

20 世纪后半叶最著名的物理学家之一约翰·惠勒（John Wheeler, 1911—2008）指出，多重宇宙论是物理学家的一个富有想象力的假设，但是，它超出了科学的范畴。[9] 英国物理学家保罗·戴维斯（Paul Davies）曾经在 2003 年的时候在《纽约时报》上撰文，详细说明了为什么多重宇宙论超出了科学范畴，其中有一段话是这样的：首先要问的一个问题是，我们如何去验证其他宇宙的存在呢？虽然我们有时候确实需要在缺乏依据的情况下提出假说，因为我们用望远镜可以观察到的宇宙区域毕竟有限，但是这并不意味着我们可以随意提出毫无根据的假设，否则科学将失去可信度。[10] 戴维斯的观点得到了很多人的支持。剑桥大学的天文学家、物理学家、数学家约翰·巴罗（John Barrow）指出，之所以有一些物理学家提出这个说法，实际上是他们首先有了一个先入为主的观点，即宇宙是因为巧合而形成的，然后再想出一个假说来支持这个观点。[11]

---

[9] Wheeler, At Home in the Universe, 185.

[10] Davies, “A Brief History of the Multiverse” .

[11] Barrow, The Infinite Book, 204.

世界著名物理学家、数学家、牛津大学荣誉教授罗杰·彭罗斯（Roger Penrose）的观点则更为激进，他在1991年的电影《时间简史》[12]中这样说道："我认为宇宙有一个目的，它之所以存在，不只是一个巧合。有一种观点认为，宇宙是碰巧产生的，然后就这样一直运行着，而人类碰巧置身其中。但是，我认为，这种观点对于我们认识宇宙没有太大帮助，我认为一定还有深奥得多的东西在里面。"

人在电脑程序中吗？

《黑客帝国》是美国华纳兄弟公司在1999年发行的一部科幻电影，主要内容是：一个名叫尼奥的年轻网络黑客发现，看似正常的现实世界实际上是被一个名为"矩阵"的计算机人工智能系统所控制；尼奥在一名神秘女郎崔妮蒂的引导下见到了黑客组织的首领墨菲斯，三人走上了抗争"矩阵"的征途。

---

[12]《时间简史》（A Brief History of Time）是霍金的自传电影，影片名称来自于霍金所著的畅销书。影片中有很多对霍金的亲人、朋友和同事的采访。

这个故事当然是虚构的，但是，一些科学家认为，影片中的人工智能技术将来并非不可能成为现实。视频通信服务网络 Skype 的联合创始人之一让・塔林（Jaan Tallinn）就是其中的一位。他认为，未来高度发达的信息技术将有可能创造出与真实世界一模一样的虚拟世界，到了那个时候，除了有一个真正的宇宙以外，还会有多个虚拟的宇宙，而身处其中的人们并不知道自己所在的宇宙是真实的还是虚拟的，甚至不知道自己是真人还是虚拟人。[13]

虽然没有人能预知未来的信息革命能否做到这一点，但是，近年来人工智能技术的发展确实超乎想象，计算机已经能够像人脑那样进行极其复杂的思考。例如，1997 年，国际商业机器（IBM）公司的机器人“深蓝”（Big Blue）在一场国际象棋比赛中击败了当时的世界冠军加里・卡斯帕罗夫（Garry Kasparov）。2011 年，IBM 的机器人在美国一档著名电视益智游戏节目《危险边缘》中击败了该节目的两位前最佳选手，该节目的参赛者不仅需要具备历史、文学、政治、科学和通俗文化等知识，还需要解析隐晦含义、反讽与谜语等，而电脑此前被认为并不擅长这类复杂思考。2016 年和 2017 年，谷歌（Google）公司的机器人“阿尔法狗”（AlphaGo）先是在五番棋大战中击败了世界围

[13] Tallinn interview, conducted by Alexandra Wolfe, “Weekend Confidential” , C11.

棋冠军、韩国棋手李世石，随后在一系列比赛中先后战胜了包括当时中国排名第一位的柯洁在内的中国围棋界众多顶尖高手。

在人工智能领域，有一个不能不提的人物是《奇点迫近》一书的作者雷蒙德·科兹威尔（Raymond Kurzweil），他拥有 17 个荣誉博士学位，获得过“美国国家技术勋章”和享有盛誉的“雷米尔森－麻省理工学院创新奖”。Google 公司曾经在 2009 年与科兹威尔一起创建“奇点大学”（Singularity University），并在 2012 年聘请他担任 Google 公司的工程总监。

科兹威尔认为，将来的人工智能技术发展将进一步加快，在 21 世纪，甚至几十年之内，计算机革命就可能迎来一个里程碑式的转折点，也就是机器人的智能将媲美人类，到那个时候，你将无法判断正在与你对话的到底是机器人还是真正的人。科兹威尔预测说，在不久的将来，我们甚至有可能把人的记忆以及所思所想都“上传”到计算机，既然科学已经能够克隆人的肉体，那么说不定很快就能克隆人的思想，也就是说，将来的机器人将能够理解人的情感，并根据人的情感做出合理反应，最终，“机器”将变成“人”，尽管它不是生物体。科兹威尔把这个发展目标称为“奇点”，也就是科学与人的完全交融。[14]

[14] Kurzweil, The Singularity is Near, 25, 28, 30.

科兹威尔的预测很有争议，被一些著名的未来学家认为是异想天开。然而，科兹威尔是人工智能领域最有成就的科学家之一，在科学界的地位极为显赫。他以前也曾经说过让人无法相信的预言，但其中不少现在已经实现，因此，他的看法很有影响力，微软（Microsoft）公司董事长比尔·盖茨（Bill Gates）就认为，科兹威尔是“预测人工智能未来发展的最佳人选”。[15]

距离“奇点”还有多久？（插图来源：Thinkstockphotos）

如果科兹威尔的预测真可以实现，那么我们就不能不思考这样一个问题：既然人类将来有可能创造出真假难辨的虚拟世界，那么我们现在生活的这个世界有没有可能就是别人创造出来的电脑程序呢？这听上去是天方夜谭，但一些学者认为，至少目前没有办法完全排除这种可能性，澳大利亚著名哲学家戴维·查尔莫斯（David Chalmers）就持这种观点，他的具体看法将在第四章介绍。

[15] 比尔·盖茨对科兹威尔的《奇点迫近》的书评。

第二章　老天爷是数学家吗？

自然界的运转似乎总是遵循着一定的数学公式，只要上过中学的人就知道，物理和化学定律大都可以用数学公式表示。普通读者未必认真思考过这有什么不正常，但是，喜欢刨根问底的科学家们对此非常困惑。

阿尔伯特·爱因斯坦（Albert Einstein，1879—1955）就曾大惑不解地说：在没有一个外部力量进行设计并维持秩序的情况下，宇宙按说应该是混沌无序的，可是，为什么世界的一切似乎都呈现出一定的数学规律？[16]

“为什么世界的一切似乎都呈现出一定的数学规律？”
（插图来源：Thinkstockphotos）

诺贝尔物理学奖得主杨振宁在 2015 年接受《人物》期刊采访的时候也坦承，他对“复杂世界的背后有如此简单和美丽的秩序和规律”这一事实感到非常困惑。他说：我就不懂，为什么如此简单的数学方程式能够控制着整个世界这么复杂的结构，这是一个非常神秘、非常美的事情，我年纪越大，就越对这个美产生一种佩服、尊敬甚至于害怕的感觉。[17]

[16] Einstein, quoted in Holder, Big Bang, Big God, 100.

[17]《人物》期刊 2015 年 7 月第 7 期，钱杨对杨振宁的专访。

令人称奇的数学规律

美国天体物理学家马里奥·利维奥（Mario Livio）在《上帝是数学家吗？》一书中感叹道：数学在决定自然界的运转方面具有“无所不在、无所不能”的力量，正因为有了数学，人类不仅能揭示自然界的运行规律，而且经常能够对未来的自然事件进行准确预测。[18]

更让利维奥惊奇的是，数学家所做的理论研究，经常不是为了某个特定用途，而是受职业好奇心的驱使，他们在看似枯燥的数学世界里不断挑战人类的智力极限，通过抽象的假设，根据抽象的数学规则，在蜿蜒崎岖的数学迷宫里不断地探索未知领域，并在此过程中体会到了唯美和崇高的感觉，尽管他们的研究成果一开始并没有实际用途，但是，令人称奇的是，某些成果在几十年甚至几百年过后被证明其实是对某些自然规律的准确描述，换句话说，数学家无心插柳的研究成果经常在日后成为物理学家的重要研究基础。

关于数学家的“无心插柳”，一个非常著名的例子是非欧几里得几何学（简称非欧

[18] Livio, Is God a Mathematician?

几何）对爱因斯坦的帮助。非欧几何是数学的一个分支，研究的是非常抽象的空间几何概念。该学科的重要创始人之一是 19 世纪德国伟大的数学家伯恩哈德·黎曼（Bernhard Riemann，1826—1866）。他在 19 世纪 60 年代研究出了一套非常抽象的数学概念。大约半个世纪之后，爱因斯坦在研究相对论的时候，一开始并不知道黎曼的研究成果，所以在广义相对论的问题上已经研究了几年，但一直没有找到数学规律。后来，爱因斯坦的一位数学家朋友告诉他，非欧几何可能对他有用，说不定可以助他找到答案。爱因斯坦听从了这个建议，花了几年时间掌握了非欧几何这门非常难的数学。最终，他在 1915 年发表了广义相对论的理论研究成果，其中，他在很大程度上借鉴了黎曼研究出来的极其抽象的数学概念。当黎曼在半个世纪之前发现那些只有数学家才能掌握的极其抽象、看似没有实际用途的数学概念的时候，谁又能想到它们日后会成为一个重要物理学研究的基础呢？

关于爱因斯坦的这个经历，著名华人数学家、哈佛大学数学教授丘成桐解释说，爱因斯坦在研究相对论的过程中，运用黎曼早前提出的“度量张量”概念，研究出了空间与时间之关系的几何形状与其他特性，并最终提出了著名的“爱因斯坦场方程”。这个方程描述的是，重力可以被看成是一种由于空间和时间发生弯曲而造成的假象，说得简单点，重力问题其实就是一个几何问题。丘成桐评论说：爱因斯坦是通过纯粹的思考创立相对论的，也就是在没有任何外部世界提示的情况下，仅凭数学思考就提出了这个理论。[19]

地球周围的空间弯曲（插图来源：Thinkstockphotos）

[19] Yao and Nadis, The Shape of Inner Space, 32.

丘成桐之所以对于爱因斯坦以及相对论如此熟悉，是因为他本人既是数学家也是物理学家。他 27 岁时就证明了微分几何领域的卡拉比猜想，在数学界一举成名。他曾经先后获得菲尔兹奖（1982 年）和沃尔夫数学奖（2010 年）这两项数学界的最高荣誉，被很多人认为是当今最优秀的华人数学家，并曾经被美国的《纽约时报》誉为“数学皇帝”。以他名字命名的“卡拉比 – 丘流形”[20] 是弦论（一个非常重要的物理学理论）中的基本概念。他在接受《环球科学》期刊采访时这样描述数学与物理学的关系：“我是在 1976 年完成了卡拉比 – 丘流形的工作，它一开始是在数学中被提出的，解决了很多重要的数学问题，但在弦论诞生后，物理学家发现卡拉比 – 丘流形正是他们所需要的东西——它可以解释一切物理现象。在 1984 年时，一些物理学家找到了我，因为他们发现这些流形可以用来建造弦论的模型，这是一个非常重要的工作。大量物理学家的加入，对于卡拉比 – 丘流形在数学领域的发展带来了很大帮助：我们原先对卡拉比 – 丘流形的直观概念不够丰富，而物理学家从弦论带来的直觉和猜想对我们有很大的帮助；反过来，数学对弦论的发展也极有帮助：因为弦论还不能通过实验来证明，

[20] Calabi-Yau manifold.

而数学家通过证明得出的结论是极为严格的，甚至几乎是完美的，不可能有错，因此，数学可以给物理学家的猜想提供部分证明。”[21]

尤金·维格纳（Eugene Wigner, 1902—1995）是 20 世纪最重要的物理学家之一，因为在原子核和基本粒子研究方面的突出成就而在 1963 年获得了诺贝尔物理学奖。关于他的一个著名故事是，在第二次世界大战期间，他曾经在 1939 年 8 月 2 日与爱因斯坦和利奥·西拉德（Leo Szilard，1898—1964，著名美国核物理学家）开了一次会，维格纳在会上担心德国有可能率先制造出核武器。在这次会议之后，爱因斯坦和西拉德联名给美国的罗斯福总统写了一封信，使得罗斯福总统下决心启动“曼哈顿计划”，发展核武器。

维格纳除了在物理学上的贡献以外，也经常花时间思考物理学的意义。他曾经在 1960 年发表了一篇题为“数学对于自然科学的不可思议的作用”的论文，其中讲道：物理学家在做研究时，往往首先只能根据有限的认知进行数学概括，然而，神奇的是，在很多情况下，这些数学概括最终被证明是自然界的普遍规律。维格纳认为，自然界所呈现出的这些数学规律是“神秘的奇迹”，物理学本身无法对此做出解释。[22]

[21]《环球科学》2017 年 3 月号，总第 135 期，84 页，对丘成桐的采访。

[22] Wigner, “The Unreasonable Effectiveness of Mathematics in the Natural Sciences”.

维格纳说，一个诚实的物理学家不得不承认，数学对于自然科学研究如此有用，这是一个无法解释的神秘现象。他直言："数学对于物理学的重要性是不合乎情理的。"更让维格纳惊叹的是，数学家在进行思考的时候，经常不是从物理世界获得灵感，尽管基础数学（特别是基础几何）的概念往往是数学家通过对现实世界的观察而总结出来的，但是，更高级、更抽象的数学概念却往往不是这么来的，而是数学家展示独创性和追求数学之美的结果。

"不懂数学者勿入"

正因为自然界的数学规律显得如此不可思议和神秘，所以，早在古希腊时期，数学就是被崇拜的对象。

说起古希腊的数学传统，就不能不提毕达哥拉斯（Pythagoras，公元前570—前495），他是古希腊的著名数学家、哲学家，被普遍认为是最早证明勾股定理的人（"勾股定理"在英文中就被称为"毕达哥拉斯定理"）。据说，毕达哥拉斯是第一个称呼自己为哲学家的人，他的思想对于后来的柏拉图（Plato，公元前427—前347）[23]有重要影响，并且通过柏拉图对整个西方哲学都产生了重要影响。

毕达哥拉斯当时创立的学派被称为“毕达哥拉斯学派”。该学派认为，数学是宇宙万物的本原，研究数学的目的不在于使用，而是为了探索自然的奥秘。

关于毕达哥拉斯学派，有一个流传至今的故事。他们在研究几何学的时候，发现有些线段的长度无法用“真正”的数（包括整数、分数或有限不循环小数）去测量和表述。比如，根据勾股定理，在直角三角形中，如果两个直角边的长度都是1，那么斜边的长度就是2的平方根，这是一个无限不循环小数，所以不是一个真正的数；还有一个例子是圆周率 π，也是无限不循环小数。毕达哥拉斯学派对于这样的发现非常惊恐，认为是异端邪说，所以极力向大众隐瞒他们的发现。对于他们来说，数学就是神的语言，所以学习数学是一种与神沟通的方式，而这些新发现使得他们眼中的神变得极其奇怪和神秘，超出了他们当时的理解力。

最终，为了解决这个问题，数学家引入了“无理数”的概念。尽管无理数可用几何

[23]柏拉图的出生年份不详，不过一般认为是公元前428/427年或公元前423/422年至前348/347年。

方式表示出来，但它们并不是真正存在的数字，而只是一种抽象的符号。当然，后来的数学家又发现了更加奇怪的“虚数”，它完全是一种凭空想象出来的数字。但是，不论是无理数还是虚数，都在微积分当中发挥了重要作用，而且也是物理学家在实际计算中经常用到的。像无理数和虚数这种根本就不存在的数字，居然能够发挥如此重要的作用，这让数学更加神秘。著名物理学家惠勒曾经评论道：“物理学是描述客观存在的，但物理学家却不得不使用一个并不存在的数字体系去描述这些客观存在。”[24]

柏拉图

（插图来源：Thinkstockphotos）

柏拉图是人类历史上最伟大的哲学家和思想家之一。他在雅典创办的“柏拉图学园”是当时研究和传授哲学、数学和自然科学的中心。柏拉图对于数学的重视超乎想象，据说在柏拉图学园的门口就竖着一块牌子：“不懂数学者勿入。”

柏拉图把世界分成两个层面，一个是高高在上的神圣世界（圣界），另一个是位于下方的人类世界（凡界）。芝加哥大学的古希腊哲学和数学思想史权威专家伊恩·米勒（Ian Mueller）写道：

[24] Wheeler, At Home in the Universe, 184.

在柏拉图看来，是数学把这两个世界连接了起来。柏拉图认为，数学规律在圣界独立地、永恒地存在着，但是这些数学公式在凡界可以用具体的方式表述出来。[25]

柏拉图在他最著名的作品《理想国》中列出了他认为学习哲学的人应该学习的课程，其中数学是应该花最多时间的。他认为，通过学习数学，可以让人的心灵从凡界转向圣界。他在与学生的对话中，一直坚持认为，学习数学可以得到道德提升。[26]

柏拉图关于数学的哲学思想被后人称为“柏拉图主义”，其基本观点是：数学概念独立于现实世界之外，是不依赖于时间、空间以及人的思维的永恒的客观存在；数学家得到的新概念不是他们创造出来的，而只是他们对客观存在的描述，数学新成果不是被发明出来的，而是被发现的。

与他的绝大多数同时代哲学家不同的是，柏拉图的整个哲学体系即便放在今天也仍然经得起推敲。他被公认为是西方哲学和科学的奠基人。英国著名哲学家艾尔弗雷德·怀特海（Alfred Whitehead，1861—1947）曾经说过：“如果对西方哲学做一个总结的话，它主要就是后人对于柏拉图说过的话所做的注释。”[27]

[25] Mueller, “Mathematics and the Divine in Plato” , 117.
[26] Mueller, “Mathematics and the Divine in Plato” , 113-117.
[27] Whitehead, Process and Reality, 39.

既然说到了柏拉图，就有必要补充一点。柏拉图的成就之高，不仅令人惊叹，而且带有神秘色彩。美国加利福尼亚大学伯克利分校的社会学教授罗伯特·贝拉（Robert Bellah, 1927—2013）这样写道：柏拉图的著作就像无边无际的大海，涵盖了几乎每一个领域，也是之后所有古代以及现代哲学的试金石。贝拉认为，包括柏拉图在内的古希腊人在科学和哲学方面取得如此高的成就，这本身就是一件很难解释的事情，我们恐怕只能称之为“希腊奇迹”。[28]

更不可思议的是，在柏拉图那个时代，世界多个地方都出现了类似柏拉图的人物，这些人物一起使人类的思想水平突然有了一个突破性的飞跃。人与其他动物的区别并不是只有人类才有意识，因为有证据表明某些动物也有意识，比如能够认出镜子里的自己，但是，只有人有能力进行抽象推理，比如对于现代数学和哲学的思考。在地球上的所有生物里面，很可能只有人类有自我欲望去解释自己存在的意义。人的这些能力是在极其漫长的进化历史中逐步发展起来的，但是，到了公元前 800 年至前 200 年这段时间，人类似乎突然就有了一次决定性的突破，历史学家现在通常把这段时间称为“轴心时代”。哈佛大学教授本杰明·施瓦茨（Benjamin Schwartz, 1916—1999）写道，在这段时间里，

[28] Bellah, Religion in Human Evolution, 387, 397.

人类经历了一系列“重大发展”：在中东，犹太教（Judaism）迅速发展：在波斯，兴起了琐罗亚斯德教（Zoroastrianism）[29]；在印度，人们的宗教信仰开始从《吠陀经》（Vedas）转向《奥义书》（Upanishads）、佛教（Buddhism）、耆那教（Jainism）和其他教派[30]；在中国，出现了著名的儒家、道家以及其他学派；在希腊，发生了从荷马（Homer）和赫西俄德（Hesiod）时期向前苏格拉底（pre-Socratic）和古典哲学时期的重要转变。[31]

尤其让人惊讶的是，上述这些突破性进展的大多数都发生在公元前 600 年至前 300 年这短短 300 年左右的时间里。柏拉图据说生活在公元前 427 年至前 347 年，亚里士多德（Aristotle）生活在公元前 384 年至前 322 年，释迦牟尼（Śākyamuni）的生卒年月不详，但一般被认为生活在公元前 600 年至前 400 年之间，孔子据说生活在公元前 551 年至前 479 年，老子（道家创始人）生活在公元前 500 年至前 300 年之间。尽管他们所在的地区在地理上是分割的，相距十分遥远，彼此几乎没有文化交流，但这些地区几乎在同一时间出现了对后来的历史产生重大影响的人物。考虑到人类的进化发展史极其漫长，

[29] 琐罗亚斯德教是伊斯兰教诞生之前西亚最有影响的宗教，古代波斯帝国的国教。

[30]《吠陀经》是印度最古老的文献材料和文体形式，主要文体是赞美诗、祈祷文和咒语，是印度人世代口口相传、长年累月结集而成的，是印度宗教、哲学及文学之基础。《奥义书》是印度古代著名哲学典籍。耆那教是印度传统宗教之一。

[31] Cohen, Equations from God, 20.

这不能不说是一个奇迹。很多历史学家都对这样的巧合惊讶不已，德国学者恩斯特·拉索尔科斯（Ernst Lasaulx，1805—1861）早在19世纪中期就曾经感叹道：这么多重要人物几乎同时出现，不像是巧合。[32]

柏拉图的追随者们

在柏拉图之后的多个世纪里，他的学生和追随者们将他的思想进一步发展成为“新柏拉图主义”。

其中，希腊著名哲学家普罗克洛斯（Proclus，公元412—485）是一个代表人物，他认为，要想达到最高的境界，首先要学习“实用科学”，这在当时指的是亚里士多德的著作。但是，要想更进一步，就要学习“理论科学”，包括物理和数学。他认为，一个人通过学习几何，可以让自己的灵魂自我发现。[33]

---

[32] Lasaulx, quoted in Stark, Discovering God, 384.
[33] Cohen, Equations from God, 20.

西方历史上最著名的哲学家之一圣奥古斯丁（Saint Augustine of Hippo，公元 354—430）与普罗克洛斯生活在差不多同一时期，他把“数字”看成是将永恒的形状体现在具体东西之中的工具。他认为，一个东西只有含有了数字，也就是具有了形状，人们才能够去了解它，而如果一个东西没有了形状，它也就不存在了。奥古斯丁认为，数学世界是一个不依赖于人的思想和行为的独立存在。他曾经说过：3 乘以 3 等于 9，这是一个永恒的真理，过去是这样，将来也永远是这样，关于数字的真理不是人类发明出来的，而只是人类发现的，因此，学习数学是必要的修行。[34]

约翰·加尔文（John Calvin，1509—1564）是柏拉图主义的另外一个代表人物，他是法国著名的宗教改革家，基督教加尔文教派的创始人。他曾经写道：人类只有学习数学，尊重自然界既有的科学规律，才能发现“燃烧的灯为我们照耀出大自然这本书的光辉”。[35]

天文物理学家伽利略·伽利雷（Galileo Galilei，1564—1642）也有类似的看法。他是利用望远镜观测天体并取得大量成果的第一位科学家，并用实验证实了尼古拉·哥白

---

[34] Wallis, " 'Number Mystique' in Early Medieval Computus Texts", 182, 187-188 .

[35] Kerr, ed., Calvin's Institutes, 26-27, 99.

尼（Nicolaus Copernicus，1473—1543）的“地动说”，彻底否定了统治人们思想千余年的亚里士多德和克罗狄斯·托勒密（Claudius Ptolemy，约90—168）的“天动说”。他在《星际使者》中写道：他起初拿起望远镜看天上的星象，是为了求证数学的美与单纯，没想到一个崭新的视野为他展开。[36] 在伽利略的眼里，数学和科学是引导人们阅读“老天这本开放之书”的指南。[37]

艾萨克·牛顿（Isaac Newton，1643—1727）也受到了这种思想的影响。他在物理学上的成就在相当大程度上得益于他的数学造诣，他是那个时代最顶尖的数学家之一。然而，他为自己的科学发现感到困惑，他虽然发现了万有引力，但无法理解这个规律是如何形成的：为什么两个相距数百万英里的物体能够影响彼此的运动，而且它们之间的数学关系可以精确到如此地步？牛顿认为，这一定是万能的上帝所为，是上帝想让这些物体相互吸引、相互作用，所以事情就那么发生了。

实际上，牛顿在研究出了万有引力理论之后的差不多 30 年里，法国和欧洲大陆的其他国家并没有马上接受这个理论，因为他们认为这个理论具有宗教般的神秘性，无法为

---

[36]《星际使者》的意大利文是：Sidereus Nuncius。
[37] Bilbro, Loving God's Wildness, 10.

世界提供一个“合理”的解释。即便是到了 20 世纪，爱因斯坦在描述牛顿的万有引力理论时，仍然认为它具有神秘色彩，因为物理学本身无法为万有引力现象提供一个解释。[38] 爱因斯坦直到 1915 年提出了广义相对论，才认为自己总算为万有引力找到了一个科学的解释。

与牛顿同时代的德国人戈特弗里德·莱布尼茨（Gottfried Leibniz，1646—1716）是 17 世纪晚期和 18 世纪早期的著名哲学家和数学家，被有些人认为是“人类历史上最聪明的人”。[39] 他和牛顿曾经有过激烈的争论，比如，在谁是微积分的最初发现者这个问题上，他们就互不相让。但是，莱布尼茨和牛顿一样，也是个柏拉图主义者。在他看来，由于自然界看起来处处以数学为基础，所以每一个新发现的真理、每一个物理实验、每一个数学定理都是某种超自然的力量所创造的大自然之美的体现。[40]

近代著名物理学家詹姆斯·麦克斯韦（James Maxwell，1831—1879）也是一位柏拉图主义者，他在 19 世纪 60 年代发现了电磁基本定律。爱因斯坦在评价麦克斯韦的成就时说：在麦克斯韦之前，人们把物理现实看成是由一个个代表着自然事件的“物质点”

---

[38] Einstein, quoted in Pais, Subtle is the Lord, 460.

[39] Smolin, Time Reborn, xxvii.

[40] Breger, “God and Mathematics in Leibniz’s Thought” ,487-494.

构成，而在麦克斯韦之后，人们把物理现实看成是由连续的“场”构成。[41] 在 1999 年的一次关于“世界最伟大的物理学家”的调查中，麦克斯韦被物理学界专业人士评为人类历史上除爱因斯坦和牛顿之外最伟大的物理学家。[42] 他发现的电磁学理论与牛顿发现的万有引力理论有一个共同点：两者都看不见摸不着，虽然都可以用数学公式来表示，但无法用传统物理学理论解释它们为什么存在。麦克斯韦笃信，世界的规律是预先存在的，人只是发现者，不是创造者。[43]

爱因斯坦的发现

著名物理学家爱因斯坦也是一个柏拉图主义者。他本人曾经写道，物理学家的动力来自于他们的一个深层信仰，那就是：这个世界的运行规律是预先存在的，是理性的，是可以被理解的。[44]

---

[41] Einstein, “Maxwell’s Influence on the Development of the Conception of Physical Reality” , 268-269.
[42] Tindol, “Physics World Poll Names Richard Feynman One of 10 Greatest Physicists of All Time” .
[43] Torrance, “Preface” to Maxwell, The Dynamical Theory of the Electromagnetic Field.
[44] Einstein, quoted in Koetsier and Bergmans, “Introduction”, to Koetsier and Bergmans, eds., Mathematics and the Divine, 41.

爱因斯坦的最重要成就是在 1905 年提出了狭义相对论以及在 1915 年提出了广义相对论。令人惊讶的是，“迷信”在他的研究过程中起到了重要作用。他在 1916 年曾经专为普通读者写过一本《相对论》，解释了相对论是怎么回事以及他对相关问题的思考。[45] 他在研究相对论的过程中，假设了“光速不变”这个基本原理。光速不变这个现象最早在 1887 年被物理学家阿尔伯特·迈克尔逊（Albert Michelson, 1852—1931，美国第一位诺贝尔物理学奖获得者）和爱德华·莫雷（Edward Morley, 1838—1923）观察到。这个发现因为与常识不符而让当时的大多数物理学家感到非常惊讶。但是，爱因斯坦认为，光速一定是不变的。他的基本逻辑是这样的：假设两个参照系的光速不一样，那么物理学家在不同的参照系中用仪器（不加科学调整）测量出来的时间、距离和速度也会不一样，其结果是，普通物理实验的观察结果就会因为物理学家所在的惯性参照系不同而不同。如果是这样，那就意味着，由于地球绕轴旋转，所以在不同的地理位置观察到的自然规律也会不一样。爱因斯坦认为：这是不可能的，因为老天爷是不会让宇宙以这种方式运转的——自然规律在任何地方、任何时间都应该是一样的，与参照系的运动无关。因此，他首先做出了“光速不变”这个基本假设，然后根据这个假设对时间和距离测量的传统

[45] Einstein, Relativity, 49.

概念进行了根本性改变，使得它们两者都根据参照系的速度进行变化。

简单地说，爱因斯坦不相信老天爷会创造一个缺乏统一自然规律的世界。他认为自然界里一定有一个设置好的基本常量和数学特征，因此，物理学上的数学规律在宇宙里的任何地方都应该是一样的。

爱因斯坦的狭义相对论发表于 1905 年。他在研究过程中，一旦做出了“光速不变”这个假设之后，后面就比较顺利了，因为接下来的主要任务是找出各参照系之间的“变换方程”，而这并不需要多么高深的代数和几何知识。[46] 相比之下，他在 1915 年发表的广义相对论所需要的数学知识就难多了，因为其中需要考虑到不同参照系之间相对速度的差异以及万有引力对它们的影响，非常复杂，爱因斯坦花了 10 年时间才研究出来（前文已经提到，他最终利用了黎曼在 19 世纪 60 年代做出的非欧几何研究成果）。用广义相对论的术语来说，万有引力可以被看成是时间和空间的“弯曲”。万有引力也是像电磁场那样的“场”，同光波一样，万有引力以有限的速度（实际上与光速相同）运动。假设（当然只是假设）整个太阳突然在一瞬间从宇宙中完全消失，那么太阳对于地球的引

[46] 用爱因斯坦的数学术语来说，这个变换方程就是为了保证“自然界的一般规律在洛伦兹变换方面具有协变性”而必须使用的方程。

力作用还会持续 8 分钟，也就是引力波到达地球所需要的时间。

爱因斯坦认为，物理学家如果能根据日常经验开展物理学的理论研究，那固然最好，但是，到了 20 世纪，这已经越来越不可能了，因为现代物理学的理论研究往往只能基于抽象的数学思考，而不是基于普通人能够体验到的“现实”。只有在完成了理论研究以后，物理学家才使用真正的测量仪器对现实世界进行观察，以验证这些理论。爱因斯坦这样写道：“必须承认，我在研究广义相对论的时候，为了使逻辑推理更简单，在摒弃‘贴近现实’这个基本理念方面更进了一步。”[47] 之所以如此，就是因为他认为自然界包含着预先存在的数学规律，物理学家只要能悟出这些规律，那么逻辑推理就变简单了。

三个独立的世界

彭罗斯是英国当代著名物理学家、牛津大学荣誉教授。他最著名的贡献是在 20 世纪 60 年代对于宇宙中黑洞的开拓性研究。1988 年的时候，他因为在宇宙研究中的突出贡献

[47] Einstein, “On the Generalized Theory of Gravitation” , 349.

而与物理学家霍金一同获得了著名的沃尔夫奖。

从 20 世纪 80 年代开始，彭罗斯的研究兴趣拓展到了新的领域，他花了相当多的时间思考“神秘的宇宙”这个问题。他认为，就人类目前的认知水平而言，整个宇宙可以分为三个独立的世界：第一个是我们可以看到的“物理世界”，第二个是“人的意识世界”，第三个是“数学世界”。其中，物理世界是物质的，而另外两个是非物质的。

这三个世界相互联系。首先，物理世界被非物质的数学世界所控制，至于为什么是这个样子，彭罗斯承认这是个巨大的谜，即便有朝一日真能解开这个谜，谜底也很可能在正常的科学范围之外。其次，人的意识世界是一个非物质的存在，虽然人的大脑属于物理世界范畴，但是，关于意识到底是怎么来的，科学家仍然没有任何线索（第四章将详细讨论这个问题）。最后，人类意识可以探索并发现数学世界里隐藏的真理。

彭罗斯对于三个世界的划分带有一定的神秘色彩。不过，作为一名世界著名的理论物理学家，彭罗斯解释说，这个划分是有现实基础的。他说：“研究理论物理学的人，不论他们是自己积极从事数学研究还是利用别人研究出来的数学成果，通常都有这样的体会：（在研究和使用数学的时候，）他们只是（一个早已存在的世界的）探索者，那个世界位于他们之外的遥远的地方，那里拥有一种不受观念左右的客观性，既不为研究者本人的观念所左右，也不为别人的观念所左右，不论他们多有智慧，都无法左右那种客观性。”[48]

彭罗斯不乏支持者。安德伍德·达德利（Underwood Dudley）是一位研究数学思想的当代著名学者，他赞同彭罗斯对于三个世界的划分。他这样写道：很多甚至大部分数学家都是朴素的柏拉图主义者，也就是说，他们认为他们研究的数学对象不是他们发明出来的，也不是任何人发明出来的。数学家的角色就是去发现抽象的数学世界的结构或轮廓。[49]就好像19世纪的探险家戴维·利文斯通（David Livingstone，1813—1873）[50]发现了之前不为欧洲人所知的非洲内部的地理和社会特征一样，数学家也是在发现之旅中，去探索一个早已存在的世界，那里有着很多令人惊讶的数学定理。“2乘以2等于4”并不是数学家的发明，而是一个永恒的真理，这个真理在宇宙大爆炸之前就已经存在了（假如时间在大爆炸之前就已经存在的话），而且在将来也会永远存在，即便太阳和地球都不存在了，它也会继续存在。历史发展到今天，数学早已成为中小学生的必修课，因此，即便是普通人也已经掌握了很多基本的数学真理。而职业数学家们致力于探索的数学真

[48] Penrose, The Road to Reality,13.

[49] Dudley, “Introduction to Chapter 2” ,15.

[50] 英国著名探险家，因在非洲的探险而闻名于世，是英国维多利亚时代在19世纪晚期最受欢迎的国家英雄之一。

理要复杂得多，往往远远超过普通人的理解力。

戈弗雷·哈代（Godfrey Hardy, 1877—1947）是 20 世纪最著名的数学家之一，生前在英国剑桥大学任教。他除了自己为数学的发展做出了很大贡献，还有一个为人称道的成就是发现了印度的数学天才斯里尼瓦瑟·拉马努金（Srinivasa Ramanujan, 1887—1920）[51]。拉马努金在被哈代发现之前，几乎没有接受过正规数学训练，1913 年，他写信给大名鼎鼎的哈代，请求这位学者对他关于数学的若干思想发表意见。哈代看出此信出自一位数学天才之手，就想方设法安排拉马努金来到剑桥大学。两人合作开展研究，并共同发表了很多重要的数学论文。两人的这段传奇佳话在 1991 年被写成了一本书《知无涯者》，[52] 华纳兄弟电影公司根据该书改编的同名电影于 2016 年上映，该书的中文版于 2002 年 10 月由上海科技教育出版社出版。

哈代本人从不怀疑数学是独立于我们之外的客观现实。他说："我们的作用是去发现、去观察。我们有时把那些被我们证明了的数学定理夸张地说成是我们的创造，其实，那些只能算是我们的观察笔记。"哈代甚至认为：数学家比物理学家能够更加直接地接触

---

[51] 拉马努金，印度人，20 世纪的传奇数学家，自学成才。
[52] Kanigel, The Man Who Knew Infinity.

到真实，那是因为，数学家可以直接探索数学世界，所以也就更清楚那个世界是什么样子，相比之下，物理学家只能通过间接方式（比如测量仪器和感官印象）去观察，而这种间接的观察方式有可能不准确，甚至可能扭曲真实。[53]

美国数学家菲利普・戴维斯（Phillip Davis，1923—2018）和鲁本・赫什（Reuben Hersh）在《数学体验》一书中同样直言不讳地写道："典型的数学家都是柏拉图主义者。"也就是说，当一个典型的数学家在进行数学研究的时候，他坚信自己是在同早已存在的客观数学现实打交道，他致力于发现的数学规律，就如同生物学家致力于发现的生物体的物理特点一样。在数学家发现了数学规律以后，物理学家再致力于研究哪些数学规律可以用来描述哪些自然现象。[54] 他们写道："数学追求的是理想的知识，研究的是理想与世界的关系。"他们还写道："数学概念只存在于人类的意识中，这些概念可以被看成是数学信仰的天条。"[55]

---

[53] Hardy, A Mathematician's Apology, 123-124, 126, 128.
[54] Davis and Hersh, The Mathematical Experience, 321.
[55] Davis and Hersh, The Mathematical Experience, 109.

隐藏的现实

爱德华·弗伦克尔（Edward Frenkel）出生于俄罗斯，1989 年的时候，刚刚 21 岁还在莫斯科读大学本科的他被哈佛大学邀请担任数学访问教授，他来到哈佛大学之后，人们对于他的数学能力惊叹不已，邀他留在哈佛。他在哈佛仅用一年时间就获得数学博士学位，并留在哈佛任教。1997 年之后，他在加利福尼亚大学伯克利分校任教，现在是世界上最顶尖的数学家之一。

与许多著名科学家一样，弗伦克尔的研究兴趣不仅限于数学领域，而是延伸到“数学文化”以及“数学在宇宙中的位置”等哲理性问题。他曾经参与创作了专门针对普通观众的关于数学的电影，并在 2013 年出版了《爱与数学：隐藏的现实的中心》一书（该书的中文版于 2016 年由中信出版社出版）。[56] 这本书的一个主题是，数学可以帮助我们揭开一个隐藏着的世界。之所以说那个世界是“隐藏着”的，是因为我们无法用五官去观察和体验。而数学家的工作就是发现这个世界的奥秘，并把这些奥秘交流给别人。那不是一个看得见摸得着的物理世界，而是一个包含各种抽象思想的世界，如方程、几何、

[56] Frenkel, Love & Math.

代数、结构等。弗伦克尔在书中多次指出，数学家不是去自己创造这个世界，而是去发现和探索这个早已存在的世界。在那里，既有美丽的大陆，也有绵延的山脉和挺拔的山峰，探索这个隐藏着的数学世界就如同探索现实世界一样，需要有严格的规则和标准来判断某个发现是否真实可信。[57]

弗伦克尔在书中明确地说，这种宇宙观可以追溯到柏拉图，因为柏拉图的观点就是，数学世界是不依赖于现实世界而独立存在的。比如，“伽洛瓦群”是 19 世纪最重要的数学发现之一，但是，我们只能说这个概念是法国天才数学家埃瓦里斯特·伽洛瓦（Évariste Galois，1811—1832）在 19 世纪 30 年代“发现”的，而不是他“发明”的。在他做出这个发现之前，这个概念早就一直存在于数学理想世界的童话花园里，等待着被某个人发现。如果没有伽洛瓦，也迟早会有另外一个人发现它。[58]

弗伦克尔自信地说，当代很多数学家和物理学家都持这种看法。他说：“我发现，大部分数学家都有这样一个信仰：数学公式和思想居住在一个独立的世界里。”他举例说，“对数学逻辑做出革命性贡献的库尔特·哥德尔（Kurt Godel，1906—1978）就是这种世

[57] Frenkel, Love & Math, 81, 124, 131.
[58] Frenkel, Love & Math, 234-235.

界观的大力倡导者，他曾经写道：数学概念具有它们自己的客观真实性，我们只能去认识和描述，但不能创造和改变。”[59]弗伦克尔接着举例说，“证明电磁波存在的海因里希·赫兹（Heinrich Hertz，1857—1894）[60]也以类似的方式表达了他的敬畏，他说：我们无法不得出结论说，这些数学公式是独立的存在，具有它们自己的智慧，比我们更有智慧，也比它们的发现者更有智慧。”[61]

弗伦克尔解释道：之所以说数学并不是人类为了描述物理世界的某些特点而发明出来的工具，是因为有很多数学理论并没有与任何物理现实联系起来。比如，与“李氏群”有关的大多数“规范场论”在数学上是非常经得起推敲的，但是，据我们目前所知，这些理论与现实世界毫无关联（“李氏群”是一个数学概念；而“规范场论”是一种数学理论，是现代物理的重要支柱）。弗伦克尔写道：“类似这样的客观而且永恒存在的数学知识之所以存在，恐怕只能用奇迹去解释。”弗伦克尔在他的书中还谈到了他自己的某个数学发现，起初，人们并没有想到这个发现中所涉及的两个数学概念之间会有什么

[59] 哥德尔是数学家、逻辑学家和哲学家，其最杰出的贡献是哥德尔不完全性定理。

[60] 赫兹是德国物理学家，于 1888 年首先证实了电磁波的存在，并对电磁学有很大的贡献。频率单位赫兹就是以他的名字命名。

[61] Frenkel, Love & Math, 233-234.

关系，所以，当他发现两者之间确实存在着某种联系的时候，他只能用奇迹去形容它们之间的关系。弗伦克尔说：“我们现在仍然没有理解这些数学发现是从哪里来的，但是，有一点很清楚，数学世界是一个‘隐藏的现实’，在今天做一名数学家，就好比在‘现代数学的魔幻世界’里做一名漫游者。”

弗伦克尔举例说，科学家在 20 世纪 60 年代发现的夸克，就是数学在科学研究中发挥主要作用的一个例子。夸克是一种基本粒子，是构成物质的基本单元。夸克并不是在物理数据的基础上预测出来的，而是在数学对称模式的基础上预测出来的。根据这个预测，物理学家们判断：他们将来有可能会发现某些物理现象与这些数学对称模式相吻合。结果证明，物理学家的判断是正确的。很多其他科学发现也是这样做出来的。弗伦克尔解释道：“这完全是一个纯理论的预测，是在非常复杂的 SU（3）对称性数学理论的框架内做出的一个预测。”他说：在发展夸克物理的过程中，“似乎是一种秘传的数学理论在引导我们进入自然界的结构单元的深处。”弗伦克尔惊叹道：“当你意识到数学有能力揭示宇宙内部机制的奥秘时，你怎么会不感到惊讶？”[62]

---

[62] Frenkel, Love & Math, 26-27.

数学的世界（插图来源：Thinkstockphotos）

在弗伦克尔的眼里，有两个奇迹。第一个奇迹是，数学是一个独立的世界，它既不依赖于人，也不依赖于真实的物理世界。第二个奇迹是，至少有一些数学公式居然恰好是对自然界物理运转机制的描述。没有人能够对这两个奇迹提供科学解释。弗伦克尔评论说：尽管很多个世纪以来物理学家和其他科学家一直在利用数学去解释自然现象，但是，他们对于数学的“根”知之甚少，或者说根本就不知道。

数学宇宙

当代著名天文学家、美国麻省理工学院的物理学家马克斯·泰格马克（Max Tegmark）在 2014 年的时候出了一本书《我们的数学宇宙》。他在书中写道：物理世界的一切，说到底都是数学，我们生活在一个数学宇宙里。

他在书的开头说：“我是一名物理学家，我在用物理学的思维方式去看待现实之谜。”他认为，开展物理研究是一种“信仰的体验”，可以让我们“看得更加清楚，并更好地体会到周围这个世界的美丽和神奇。”[63]

---

[63] Tegmark, Our Mathematical Universe, 9, 11.

与上文提到的弗伦克尔一样，泰格马克也认为，数学世界是一个独立于物理时空之外的客观存在，他说：数学结构不是我们的发明，而只是我们的发现；我们发明的，只是用来描述它们的语言和符号。数学结构存在于一个抽象的思想空间里，而且一直都在那里，数学家和物理学家只能通过自己的努力去探究那个空间。

与弗伦克尔相比，泰格马克的看法更为激进。他认为，我们所处的这个宇宙说到底就是由数学结构组成的。他举例说："如果你要解一个薛定谔方程，这个方程中包含着不多于 5 个夸克，结果发现只有 2 个上夸克和 1 个下夸克，或者是 2 个下夸克和 1 个上夸克，那么，为了方便起见，我们就把这两种组合分别称为质子和中子。" 但是，所谓的"质子"或"中子"，其实说到底就是用来预测夸克行为的数学方程，而"夸克"本身，细究起来也是一种可以用数学来表述的关系结构。[64]

泰格马克认为，如果刨根问底，那么整个物理世界似乎都与数学有关，物理学家用来描述这个世界的那些术语当然是有用的，可以帮助他们更好地思考和相互交流，但是，归根到底，一切都是数学。因此，泰格马克得出结论说：我们所处的这个物理世界就是

---

[64] Tegmark, Our Mathematical Universe, 6, 254-256.

一个巨大的数学结构，这个结构在人类出现之前早就已经存在了，也就是说，数学是宇宙的终极基础。[65]

如果真如泰格马克所言，整个宇宙都是数学，那么我们就不能不提出这样一个问题：我们又如何来解释生活在宇宙中的人呢？人不仅有肉体，而且有意识，难道人也是一种数学结构吗？泰格马克坦言，到目前为止，科学家对这个问题的认识还非常有限，尚无法给出一个有说服力的回答（第四章将详谈这个问题）。

[65] Tegmark, Our Mathematical Universe, 260.

第三章　人到底是怎么来的？

1859 年，查尔斯·达尔文（Charles Darwin，1809—1882）发表了著名的《物种起源》，从而正式提出了进化论。由于化石证据表明人确实是进化而来，所以达尔文的学说迅速成为物种起源的权威理论，其巨大影响力一直延续至今。

然而，最近几十年以来，随着科学研究的深入，越来越多的科学家质疑达尔文的进化论在多个关键问题上不能真实反映地球生物的进化历史。尽管达尔文的支持者们对达尔文最初的理论进行了修正，但无法平息此起彼伏的质疑声。用“四面楚歌”来形容达尔文主义目前在国际科学界的处境，不算过分。

必须马上做个说明。关于“人是进化来的”这个基本判断，科学界没有异议。演化生物学家们经过很多年的研究，已经积累了大量的化石记录，其中很多是数亿年前的生物留下来的，这些都是有力的证据，说明了人类的进化是历时 46 亿年的地球生物演化过程的一部分。

饱受质疑的，主要是达尔文的“自我选择”的演化理论，也就是后来被演绎成的“物竞天择，适者生存”。它说的是：某个物种后代由于基因改变而产生出某种变异，这种变异导致该个体更适于生存，它的生存概率大于其他没有这种变异的个体，于是，在自然选择下，拥有这种变异的后代开始逐渐繁殖壮大，因此，物种演化是一个“循序渐进的随机变异”的过程。

关于“人是进化来的”，科学界无异议（插图来源：Thinkstockphotos）

古尔德的质疑

对达尔文理论提出质疑的科学家很多，其中，史蒂芬·古尔德（Stephan Gould，1941—2002）可能是最受关注的一位。他一生中获得了很多科学荣誉，包括在 1989 年成为美国科学院院士。在 2002 年去世之前，他在哈佛大学担任了很多年的“杰出教授”，是公认的过去半个多世纪以来世界上最重要的演化生物学家之一。2008 年，也就是在他去世 6 年之后，他成为著名的“达尔文 – 华莱士奖章”的 13 名获奖者之一，该奖旨在奖励在演化生物学领域做出突出贡献的科学家，它极为难得，50 年才颁发一次，在那之前的一次颁奖还要追溯到 1958 年 [在 2008 年与他一同获奖的还有下文将提到的另一位达尔文主义的激烈批评者林恩·马古利斯（Lynn Margulis，1938—2011）]。[66]

质疑

早在 1972 年的时候，古尔德就和另外一位生物学家尼尔斯·埃尔德里奇（Niles

[66] 在 2008 年之前，该奖只颁发过 3 次，第一次是 1908 年，有 6 位获奖者；第二次是 1958 年，有 20 位获奖者；第三次是 2008 年，有 13 位获奖者。鉴于演化生物学日益增加的重要性，该奖从 2010 年开始每年颁发 1 次。

Eldredge）一起，对达尔文进化论的科学性提出了质疑，因为他们发现，物种进化并不像达尔文说的那样“逐渐发生”，而是“间断性”的，也就是说，新物种经常突然出现，快速形成，随之而来的是长时间的进化停滞，直到下一次物种的快速形成。

古尔德在他 2002 年去世前写的最后一本书《间断平衡》[67] 中解释说，早在 20 世纪 70 年代之前，科学界就已经认识到达尔文的自然选择理论与化石记录之间存在矛盾，但是，这些发现被当时的科学界忽视甚至压制。古尔德对于当时的情况做了这样的描述：“古生物学家们早就认识到了多数物种的长期进化停滞现象，但是，他们对于这样的意外发现感到‘惭愧’，因为根据达尔文进化论这个当时的正宗理论，他们应该能够得到相反的化石研究结果（也就是物种进化是循序渐进发生的）才对。”[68]

在当时达尔文进化论被公认是权威理论的大背景下，如果有人敢于公开挑战它，就不仅需要勇气，还要自信地拥有经得起验证的研究结果，古尔德就是这样一个人。他本人当时就是古生物学文献的重要贡献者，所以对于当时古生物学界的研究成果非常熟悉。他在《间断平衡》这本书里详细记录了当时的一些古生物学家的观察结果。

[67] Gould, Punctuated Equilibrium，这本书在他去世之后的 2007 年正式出版。
[68] Ager，“The Nature of the Stratigraphic Record”, quoted in Gould, Punctuated Equilibrium, 24.

例如，其中一位古生物学家在 1968 年这样写道：“作为一名石油古生物化石学家，我有机会研究各种生物沉积断面，而且，作为进化论的热情追随者，我一直在观察进化论的证据 …… 然而，大多数物种根本没有显示出任何可见的演化变化。从化石截面的分析来看，那些显然没有祖先的物种（也就是新出现的物种）一旦出现，就会一直非常稳定，直至它们在更高的截面上消失，而且不会留下任何后代。”这样的观察显然与达尔文的说法（即新物种的出现是逐渐演变的结果）完全不同。[69]

另一位古生物学家根据对地下钻井中的物种化石演变所做的细致观察，做了这样的评论：“单就钻井微生物样本而言，分析结果似乎不支持‘物种是逐渐演变的’这个说法。”[70]

另一位古生物学家在对古生代时期澳大利亚的石炭纪腕足化石进行了很多年的研究之后，这样描述他的研究结果：“没有证据表明腕足类生物的演化是一个逐渐的过程，不论是在同一地区还是不同地区的研究结果都是这样。”[71]

---

[69] MacGillavry, “Modes of Evolution Mainly Among Marine Invertebrates” , quoted in Gould, Punctuated Equilibrium, 23.

[70] Reyment, “Analysis of a General Level Transition in Cretaceous Ammonites” , quoted in Gould, Punctuated Equilibrium, 24.

[71] Roberts, “Control Mechanisms of Carboniferous Brachiopod Zones in Eastern Australia” , quoted in Gould, Punctuated Equilibrium, 24.

还有一位古生物学家在 1973 年这样写道："我在研究中生代腕足生物化石的 20 年里，发现了化石间有着大量的相互关系，但是，几乎没有证据表明物种内部有着进化关联。这似乎意味着：从一个物种到另一个物种的进化过程，并不是在很长时间里以循序渐进的方式发生的。"[72]

上述几位古生物学家的研究结果只是当时众多对达尔文进化论产生怀疑的专业文献的冰山一角。古尔德本人对于这些文献非常熟悉，一是因为他本人在演化生物领域的学术兴趣广泛，涉猎极广；二是因为他曾经为普通读者写了不少关于自然界的科普文章，所以在写作时需要很多具体例子；三是因为他需要很多真实可靠的证据，以便更好地应对质疑他的观点的同行们。

古尔德在去世前不久对古生物学的实证研究文献做了这样一个总结："一个压倒性的基本事实是：古生物学家们在开发出了对化石进行分层追踪分析的必要工具之后马上就发现：绝大多数物种的化石记录都表明它们往往在某个地区突然进化，然后保持不变，直至灭绝……从化石记录来看，一个物种在灭绝前的最后残留往往与该物种刚出现时非

[72] Ager, "The Nature of the Stratigraphic Record" , quoted in Gould, Punctuated Equilibrium, 24.

常相似。”[73]

实际上，达尔文本人当初就意识到了这个潜在的问题，因为他当时提出自己的理论时，还缺乏化石记录的验证，不过，他当时希望后来的化石研究能够支持他的观点。然而，直到 20 世纪的最后几十年，他的理论仍然缺乏实证支撑。[74]

修正

对于古尔德质疑的这个缺陷，达尔文的支持者们也早就认识到了。在 20 世纪中期，已经有一些演化生物学家对达尔文最初的理论进行了修正，目的就是为了解决这个缺陷。

其中的代表人物是 20 世纪最著名的演化生物学家之一恩斯特·迈尔（Ernst Mayr，1904—2005），他提出了一种“新达尔文主义”理论，其要点是：大多数新物种的进化发生在孤立的地理环境中，并且是在孤立的种群里发生的。

先补充一点。人们现在通常把达尔文最初提出的自然选择理论称为“达尔文主义”，但是，达尔文的理论后来经过了演化生物学家的多次补充，人们把这些经过补充的达尔

[73] Gould, Punctuated Equilibrium, 19.
[74] Gould, Punctuated Equilibrium, 19.

文主义理论称为“新达尔文主义”。

迈尔认为，在进行过这样的修正之后，达尔文的理论仍然可以用来解释物种起源问题。也就是说，在那些“孤立的环境”中，物种的变异是循序渐进的，经过足够的积累之后才产生新物种，这些新物种只有在完成进化之后，才会向地球上“更广阔的区域”迁移，这也就意味着，在这些后来到达的地区不可能发现物种进化的化石残留（根据迈尔的理论，要想找到物种“逐步进化”的证据，就必须到那些“孤立的环境”中去寻找才行，而这有点像大海捞针）。[75]

在达尔文主义者看来，迈尔提供了一个可以自圆其说的新理论，解决了一个令他们尴尬的难题。只要没有人能够拿出证据来证明这个新理论是错误的，达尔文的自然选择理论就可以继续用来解释物种起源问题。

不买账

然而，古尔德不这么看。他认为，当初，达尔文就是在缺乏实证的情况下提出了一个听上去很好的理论，结果被古生物学家们的化石研究结果证明存在缺陷，现在，迈尔

---

[75] Mayr, quoted in Gould, Punctuated Equilibrium, 330.

等为了修复这个缺陷，又一次在没有证据的情况下提出了一个新的说法，因此，这只不过是他们讲的又一个“故事”而已。

古尔德是位不能被忽视的人物，他不仅在当代演化生物学界拥有非常高的地位，而且经常在公开场合挑战一些别人都已经普遍接受的观点。他 1980 年的时候在一篇文章里明确写道：从他所掌握的古生物学和演化生物学领域其他学科的知识来看，尽管经过迈尔修正的新达尔文主义在教科书中一直被奉为“正统理论”，但其实“已经死掉了”。[76]

如果古尔德只是质疑达尔文最初提出的理论，那还“情有可原”，因为毕竟达尔文已经去世很多年了。但是，现在古尔德公开地断然否定迈尔这位在世的演化生物学领域的泰斗级人物的理论，这令很多人震惊。古尔德的看法被很多同行视为异端邪说。古尔德本人后来在评价自己当时的处境时说，他甚至在很多场合被辱骂。[77] 其中，英国著名演化生物学家理查德·道金斯（Richard Dawkins）对古尔德的批评非常严厉。道金斯是牛津大学教授、英国皇家科学院院士，是在世的最著名、最直言不讳的达尔文进化论拥护者之一，被某些人冠以“达尔文的斗犬”[78] 称号。他在 1986 年的时候评论说，古尔德

[76] Gould, Punctuated Equilibrium, 330.
[77] Gould, Punctuated Equilibrium, 330.
[78] “Darwin’s Rottweiler”.

犯了一个“演化生物学家可能犯的最大错误”。[79]

争吵

古尔德主张对进化论进行根本性修正。为此，他提出了自己的理论——“间断平衡”。根据这个理论，生物的进化不像达尔文所言是一个缓慢的连续渐变积累过程，而是一个“长期稳定”与“短暂剧变”交替的过程，从而在地质记录中留下许多空缺。造成这种“间断”的原因不得而知，虽然生物有可能如新达尔文主义者所言在孤立的环境中进行繁殖，但古尔德认为，那只是可能性之一，新物种之所以会突然出现，很可能还有其他不为人知的原因。[80]

美国哲学家丹尼尔·丹尼特（Daniel Dennett）是另一位著名的新达尔文主义维护者。他在1996年的《达尔文的危险观念：进化与生命的意义》一书中，不仅强调了达尔文的进化论可以完全解释人类在地球进化过程中的位置，而且专门批评了古尔德以及他的“间断平衡”理论。[81] 他认为，古尔德对达尔文主义进行了误导，给演化生物学增加了不必

[79] Dawkins, quoted in Gould, Punctuated Equilibrium, 334.

[80] Gould, Punctuated Equilibrium.

[81] Dennett, Darwin’s Dangerous Idea: Evolution and the Meaning of Life.

要的神秘因素，因为他并没有一个成熟的科学理论来解释生物演化的间断性。

针对丹尼特的批评，古尔德在 1997 年进行了回击，他在《纽约书评》上发表了一个对丹尼特那本书的评论。他的书评分为两部分，其中第一部分的题目是“达尔文基要主义”。[82]

先简单解释一下什么是“基要主义”（fundamentalism）。这个词带有强烈的宗教含义，指的是人们对于某种宗教教义深信不疑并不折不扣地遵守，比如，在基督教里，它指的是恪守基督教的基本信仰，不能对《圣经》进行评断，更不能质疑。古尔德用了这么一个题目，用意是讽刺很多人把达尔文主义奉为像《圣经》那样不容亵渎的信仰。

古尔德在这篇书评中，把丹尼特称为“道金斯的宠物狗”（前文已讲，道金斯是达尔文主义的最坚定维护者之一）；而且，古尔德把矛头同时指向了道金斯以及之前批评过他的其他人。他写道：道金斯和丹尼特就是达尔文基要主义的“传教士”，致力于通过“达尔文的圣经”让人们皈依这个信仰。他进一步写道，道金斯和丹尼特等组成了一个“表面光鲜的教派”，其成员都来自“演化生物学的名门正派”。他以挖苦的语气说道：他们这些基要主义者都患上了“极端达尔文主义狂热症”，陷入了“简单的教条主义”，

[82] Gould, “Darwinian Fundamentalism” .

低估了演化生物学理论的复杂性和微妙之处，非常不利于建立一个更加科学的生物演化理论。

如此尖刻的批评出自古尔德这样一位在世界演化生物学界享有极高地位的权威学者之口，实属罕见，他也再次被达尔文主义的维护者指责成“异端邪说”的传播者。

其他质疑

古尔德还对20世纪80年代之后出现的“进化心理学”这门新学科提出了批评。该学科三要是用达尔文的进化论去解释人的心理问题，认为人类的漫长进化过程给我们的心理带来了长久的历史积淀，因此，当今人类的心理中，仍然带有历史留下的痕迹，今天的每一个活着的人都是进化的产物，他们作为“活化石”，能帮助我们了解祖先的过去。比如，要想理解人的性信仰和性道德，就必须从人的繁殖需求的角度去看，并且需要考虑到人在进化竞争中的基因传递问题。丹尼特就曾经说过，达尔文的生物学就是一种以所有生物的存在为研究对象的工程学，其中既涵盖他们的身体，也涵盖他们的心理。[83]

---

[83] Dennett, quoted in Gould, “Darwinian Fundamentalism”.

不过，丹尼特等的这种看法遭到了一些人的批评。经常为《科学美国人》撰稿的科学作家、科学历史学家迈克尔·舍尔默（Michael Shermer）是美国出了名的“科学打假人”，他是美国“怀疑论者学会”（The Skeptic Society）的创始人以及《怀疑论者》期刊的主编，该学会和期刊的宗旨是打击谣言、迷信和伪科学。他在2000年的时候曾经评论道：“丹尼特所信奉的残酷的自然选择理论就像一个起重机，用它那有力的天钩，一次又一次把我们吊过来放到这个世界上，（这个理论）就类似于一种关于进化的神学。”[84]

古尔德尽管接受“人是进化来的”这个基本事实，但不认为达尔文的进化论可以解释所有问题。他认为，适应环境不是生命进化的唯一内容，生物的很多身体部分和行为并不是为了适应环境才造就的。他在1979年曾经用“拱肩”的比方来说明这一点。拱肩是一个建筑学词汇，指的是西方很多建筑中的拱形结构与屋顶和垂直立柱之间形成的近似于三角形的部分，比如下图中的A、B、C和D。拱肩不是专门设计出来的，而只是在设计出了拱形结构后出现的一个“副产品”。古尔德用这个比方说明，生物的某些特征并不是物竞天择的结果，而只是进化的副产品。他认为，人的大脑的很多特点似乎就是这样。他这样写道：“我愿意相信，人的大脑开始时之所以变大，是因为自然选择的原因，

[84] Shermer, “Glorious Contingency”.

是为了适应环境。”但是，他同时认为，人的读写能力以及其他的更高级能力只是最近才形成的，传统的进化理论显然无法解释为什么在如此短的时间里会发生这么大的变化。而且，既然进化论无法解释所有事情，那么所谓的进化心理学以及其他极端达尔文理论当然也就缺乏理论依据。

拱肩（插图来源：Thinkstockphotos）

古尔德认为，人类文明之所以发展到今天这个程度，更多应该归功于文化上的变化，而不是生物进化。他解释说，达尔文更强调物种之间以及物种内部的竞争，但是，人类在文化上的变化则更多地表现为人们相互之间的交融。根据达尔文的“适者生存”这个传统说法，各物种在基因上是不会相互结合的，比如，大自然是不会把 20% 的儒艮、30% 的老鼠以及 50% 的土豚的基因结合起来，从而产生出一种新的哺乳动物。[85] 但是，在人类文明的发展史上，人与人之间的交融却是一个正常的普遍现象，正是这种融合才造就了今天的人类文明。

晚年

鉴于同行对古尔德的猛烈批评以及对他的“间断平衡”理论的敌对态度，他在很长一段时间里有所收敛。比如，他在发表观点时往往使用一些专业性很强的术语，这样普通大众就不容易看明白。如此一来，他的威胁性在同行眼里也就小了很多。

但是，他在去世之前还是宣布，他不会收回他在 1980 年的那篇文章中说过的任何话。他说，无论这会让新达尔文主义者多么难过，他都将捍卫他说过的每一句话，因为他发

[85] Gould, “Evolution”.

现迈尔的理论“既缺乏依据也不准确”。[86]

时间够不够？

自从达尔文发表《物种起源》之后，就有一个非常重要但至今也没有得到回答的问题：地球上的生物进化过程，无比复杂，需要极其漫长的时间，而地球的年龄毕竟是有限的，在这有限的时间内要发生这么多生物演化，时间够吗？

科学家早就已经推算出地球的年龄大约是46亿年，乍听上去，这是非常漫长的一段时间，如果达尔文所说的基于自然选择的循序渐进的生物演化是对的，那么，从地球上出现生命开始，如此长的时间难道还不够吗？

但是，这只是一个没有任何根据的猜测。要想更好地回答这个问题，就应该做个科学的估算，那就需要建立一个“生物演化模型”，该模型至少应该包括以下参数：第一，物种内部的变异速度；第二，哪些变异可能有利于物种生存；第三，在同一物种内部，

[86] Gould, Punctuated Equilibrium, 330.

基因不同的生物因为结合或交配而导致的演化重组；第四，物种在地球上迁移的情况；第五，更适合生存的物种取代其他物种所需要的时间；等等。只要没有类似的估算，任何判断都没有说服力。

猴子打字

法国数学家埃米尔·波莱尔（Emile Borel, 1871—1956）曾经指出，猴子在打字机键盘上胡乱按键，在无穷长的时间之后打出任何一本书的概率都是 100%。这也被称为“无限猴子定理”。[87] 达尔文进化论的支持者经常使用这个定理来说明，地球上的生物从低级到高级的随机演变，虽然听上去非常不可思议，但是因为地球寿命太长了，所以最终造就了人类这个神奇的物种。

猴子打出一本书需要多少年？（插图来源：Thinkstockphotos）

[87] Infinite Monkey Theorem.

那么，一只胡乱敲打键盘的猴子，大概需要多少年才能打出一本书，比如莎士比亚名著《哈姆雷特》？对于这个问题，一个具有一定概率知识的人不难做个大致估算（当然他需要先做一些有说服力的假设，然后再计算）。关于具体算法，这里不赘述，不过，计算结果应该比 138 亿年（也就是宇宙的大约寿命）长得多得多。

当然，在计算的时候，我们可以把条件定得松一点，比如，假设猴子每次只要打对了一个英文单词，这个词就会被自动保存起来，或者说这个词就“存”了下来，这样，将来所有存下来的单词再以随机的方式重新组合，这将大大缩短猴子所需的时间。不过计算结果仍将大大超过 130 亿年。

我们可以把条件定得再松一点。猴子每次只要打出一个正确的句子，那么这个句子就可以存下来，这样，将来所有存下来的句子再随机组合。在这样的条件设定下，猴子在 130 亿年时间里打出一部莎士比亚名著的可能性是有的，但概率应该仍然比较小（这取决于具体的假设）。

总之，我们只要做出一些必要的假设（包括猴子的打字速度、总字数、词或句子存下来的条件等），就不难计算出猴子打出一部莎士比亚名著所需要的时间。但是，遗憾的是，我们没有办法用类似方法去计算地球上生物进化所需要的时间，因为生物进化问题比猴子打字要复杂多了，其中涉及变异的概率以及达尔文所说的自我选择机制的速率。

两位教授的批评

马克·基尔申纳（Marc Kirschener）是哈佛大学医学院系统生物学系的首任系主任，约翰·格哈特（John Gerhart）现任美国加利福尼亚大学伯克利分校分子与细胞生物学系教授。两人在 2005 年合写了一本书《生命的说服力》。[88]

他们在这本书中解释说，达尔文进化论依赖于三个支柱：第一个是“自然选择”，也就是适者生存，这个方面达尔文本人已经解释得很清楚了。第二个是“基因遗传”，这个概念首先由被誉为“遗传学之父”的奥地利生物学家、遗传学奠基人格雷戈尔·孟德尔（Gregor Mendel，1822—1884）提出，然后在 20 世纪有了更深入的发展，包括对 DNA 的发现，应该说我们对于这个领域也有了一个比较清楚的认识。第三个是“自然界内部的变异机制”，这个方面直到今天还是一个大大的谜。

基尔申纳和格哈特两人写这本书的主要目的，就是为了更加准确地解释生物体的新变异如何在自然界出现，从而帮助人们更好地理解自然选择的实现机制。他们的结

[88] Kirschner and Gerhart, The Plausibility of Life.

论是：在上面说的第三个方面，由于缺乏任何能够被广泛接受的理论，所以即便是到了今天，我们仍然不能说新达尔文主义是关于地球上生命进化的一个成熟的、可被接受的科学理论。

他们解释说：20 世纪 40 年代出现的“现代综合进化论”到目前为止仍然是被公认的进化论模型。所谓“现代综合进化论”，简单地说就是把达尔文的进化论与著名生物遗传学家孟德尔的遗传学结合在一起的数学模型。这个模型虽然有价值，但是不完整，因为它缺乏上面提到的第三个支柱，而这个支柱对于研究演化的可行性是必需的。要想让达尔文理论的基础框架和具体架构更加具有说服力和更加完整，就必须要理解第三个支柱。但是，演化生物学家对于这个问题大多选择了视而不见。其结果是，由于缺乏对这个支柱的认识，所以，对于演化速度这个问题，一直没有办法估算。因此，关于“进化时间够不够”这个基本问题，也就无从回答。

基尔申纳和格哈特在书中写道：演化生物学家本应以诚实的态度承认达尔文理论中的这个巨大鸿沟，然而，直到今天，他们中的很多人仍然对于变异速度这个问题及其对整个地球的生物演化进程的影响视而不见，在演化生物学界，一个令人惊讶的普遍现象是，他们遇到问题时，往往只要想出一个听上去有说服力的解释，就说已经把这个问题解决了。

基尔申纳和格哈特继续写道：正是因为如此，演化生物学家通常首先告诉人们说，地质年代是非常长的，不是几十年，不是几百年，甚至不是几百万年。他们通常对质疑者不屑一顾，认为这些质疑者连“随机变异可以演化出像花或眼睛等复杂的生物结构”这样的说法都表示怀疑，更不要说相信细菌那样的有机体可以演化成人类了。

基尔申纳和格哈特认为，这不是演化生物学家应该有的科学态度，在地球的漫长生物史上，新物种出现过程中的变异机制是极其复杂的，在没有把这个问题搞得比较清楚之前，只是笼统地说时间足够了，这无法让人接受，也就不能确立达尔文主义的科学性。

在缺乏证据的情况下，每个人都可以在“时间够不够”这个问题上做出自己的猜测。客观地讲，根据达尔文的随机变异和适者生存理论，人类要从最原始的生命形态逐渐进化到现在的样子（包括如此高级的大脑），所需要的时间一定超乎想象。如果一只猴子无法在 138 亿年里打出一部莎士比亚的著作，那么人类有可能在 46 亿年的地球寿命里以达尔文认为的随机变异和自我选择的方式完成这个进化吗?

人类崛起之谜

生物进化是一个极其漫长的过程，很多方面让人困惑。其中，关于“人类是如何出现的”这个重要问题，就有几个一直无法解释的事情。

根据演化生物学家的研究结果，从距今大约 1000 万年的时候开始，地球上的生物经历了几个短时间快速进化与长期停滞交替进行的过程，最终，在距今大约 20 万年至大约 15 万年的时候，在非洲突然出现了“现代人”。[89] 由于离我们时间最近而且我们对此有着特殊兴趣，因此，我们对这段进化史的了解是最多的。

迈尔的困惑

前文已经提到，迈尔是 20 世纪最著名的演化生物学家之一、新达尔文主义的泰斗级人物。他在晚年时完成了《进化是什么》[90] 一书，目的是给大众读者解释 20 世纪末期的生物演化理论发展现状，其中的一章是“人是如何进化的”，专门解释了人类崛起的这

[89] Mayr, What Evolution Is, 233-264.
[90] Mayr, What Evolution Is.

段历史。

前文讲过，迈尔的新达尔文主义理论曾经遭到古尔德的猛烈批评，而且古尔德自己提出了一个“间断平衡”理论。虽然迈尔并不特别赞同古尔德的“间断平衡”理论，但是，他在《进化是什么》这本书里所叙述的人类进化史与古尔德所说的间断性演化在关键方面是一致的。

迈尔解释道，关于人类进化的大致时间框架，科学家之间没有太多异议，因为这可以通过人类遗骨化石和其他历史遗迹做出可靠推断。但是，除了那些可以通过化石和遗迹做出判断的方面以外，人类进化史的大多数其他方面（比如行为和文化的进化）则充满争议，科学家莫衷一是。不过，根据化石记录判断，我们知道黑猩猩（Chimpanzee）是所有物种里与现代人类在生物学上最接近的。黑猩猩和人类有一个共同的祖先，直到距今大约 800 万年至大约 500 万年的时候，人类和黑猩猩的进化路线才开始分开。

然后，在大约 400 万年以前，非洲突然有一件“大事”发生：一个新物种（或者说是一群有关联的物种）能够直立行走了。除了直立行走这个特点以外，这个新物种在其他方面与现在的黑猩猩（而不是现在的人类）更相近。我们现在将其称为“南猿”（Australopithecus），他们的大脑大约有 $500cm^3$，与现在黑猩猩的大脑差不多，大约是现在人类大脑的1/3（人类大脑一般在1250 cm^3 至1500cm^3 之间）。在此之后，在距今约400万年到约200万年这段时间里，南猿身上再没有发生非常重要的变化。迈尔说，这中间有大约150万年是进化的停滞期（前文讲过，很多生物的进化似乎都是如此：在经历突变之后，会有长期的停滞期）。最重要的是，在超过200万年的时间里，南猿的大脑没有发生显著变化。[91]

但是，在距今大约200万年时，南猿的大脑突然变大，差不多是以前的2倍。我们现在把这个有着更大大脑的人类祖先称为“直立人”（*Homo erectus*）。迈尔认为，直立人在顶多几十万年的时间里快速出现，这是进化论无法解释的一个谜，因为他们“在东部非洲出现得太突然了”。[92] 对于这个谜团，迈尔评论说：在19世纪部分时间以及20世纪大部分时间里，演化生物学家一直尝试着用标准的达尔文理论去解释南猿阶段。南猿与黑猩猩以及其他猿类的最显著区别就是两足行走，根据传统理论，两足行走可以解放臂和手，使之可以用于其他用途，特别是制造和使用工具，而这将增加脑部运动，从而使大脑体积增大。然而，迈尔现在承认（他这本书是2001年出版的），这种推理不再

[91] Mayr, What Evolution Is, 243-244.
[92] Mayr, What Evolution Is, 246-248.

具有说服力。迈尔解释说：南猿（在成为直立人之前）不仅大脑体积只有很小的增加，而且在几乎所有其他特点上都与黑猩猩没太大区别；我们现在已经知道黑猩猩也较多地使用工具，但是他们的大脑体积从未增加。因此，演化生物学并没有一个现成理论能够解释为什么进化历史在距今大约 200 万年时从“南猿阶段”突然跨越到“直立人阶段”，而这显然是现代人类进化史上的最重要事件。[93]

黑猩猩虽然也使用工具，但大脑体积从未增加（插图来源：Thinkstockphotos）

[93] Mayr, What Evolution Is, 246-248.

在此之后不久，直立人的活动范围走出了非洲，到达了亚洲。他们的化石于 1892 年在印度尼西亚的爪哇岛被发现，我们现在把这些化石称为“爪哇猿人”。而在非洲，直立人的化石直到 1924 年才第一次被发现。在此之后，在中国也发现了直立人的化石。

在直立人于距今大约 200 万年时突然出现之后，又有了非常长的一段相对静止期。迈尔这样写道：从大脑体积和其他关键特点来看，现代人的祖先直立人在此后至少 100 万年的时间里没有大的变化。[94]

但是，在距今大约 50 万年的时候，直立人的进化路线突然出现了一个神秘的分叉。其中的一个分支进化成为“尼安德特人”（Neanderthals），他们的化石在欧洲和亚洲都有发现，而且从进化的角度来看，他们在距今大约 25 万年到大约 3 万年这段时期最为成功。令人惊讶的是，尼安德特人的大脑体积大约是 $1600cm^3$，比现在人类的大脑还要大。

直立人的另外一个进化分支就是我们人类（*Homo sapiens*），在距今大约 20 万年至大约 15 万年的时候在非洲突然出现（本部分所说的“突然”，都是相对于生物进化的时间尺度而言）。在此之后，人类在距今大约 10 万年的时候走出了非洲，并在大约 3.5 万年前到达欧洲西部，在此之后不久，欧洲的尼安德特人就消失了（其原因现在尚不清

[94] Mayr, What Evolution Is, 248.

楚）。此后，人类的数量迅速增长，在距今约 1 万年的时候只有几百万人，但此后在地球上呈现爆炸式增长，最近超过了 70 亿。在人类的聚居区内，大量其他物种被取代，而且很多物种从地球上彻底消失。现在已经有人预测说，如果按照过去 1 万年的趋势发展下去，地球上将会出现一次可与过去 5 次因自然原因导致的物种大灭绝相提并论的大灾难。如果真出现那样的灾难，那么现在这个由人类主导的生物世界应该被命名为“人类世”（Anthropocene era）。

迈尔说，在现代人出现之前的 1000 万年左右的时间里，有很多令人惊讶的事情，但是，“其中最让人惊讶的应该是，自从人类在大约 20 万至大约 15 万年前首次出现以来，其大脑的体积似乎一点也没有变。”[95] 这其实是一段足够长的时间。按说，根据达尔文的理论，由于生物进化是一个优胜劣汰的过程，所以这个过程中的进化应该更加有利于有着更聪明大脑的人类，而这应该表现在更大体积的大脑上才对。由于人类在身体条件上有着天然的局限性，所以，显然，他们在进化过程中所取得的成功至少要部分归功于他们在记忆、逻辑推理、语言、使用工具以及智力方面的能力。

[95] Mayr, What Evolution Is, 252.

基因差异

迈尔在这本书中没有过多谈及人类进化中另外一个让人惊讶的事情，那就是，人类在距今大约 10 万年时从非洲走出去之后，除了大脑体积没有变化以外，在其他方面似乎也没有发生过显著变化。

人类在经历过“从非洲走出去”的大迁徙之后，散居在地球上很多不同的地方，相互之间非常独立。他们的居住地从北极附近的寒冷冰原到炙热的沙漠地带，从遗传学的角度看，他们是相对孤立的。如果根据新达尔文主义的理论来推断，这会加速人类这个物种内部的演化变化，这些分散在世界各地的不同的人类群体将会为了适应各自地区的地理和其他环境特点而呈现出不同的基因特点，说不定还会从人类这条演化线上进化出一两个新物种。然而，这样的事情并没有发生。在过去的 10 万年里，地球上各个地区出现了非常大的文化差异，但是，不同地区的人们在基因方面没有什么变化。当然，我们可以看到不同的人种之间有一些有限的差别，比如肤色，但是包括各个种族在内的所有人类在基因方面是非常相似的。考虑到他们各自居住在差异非常大的孤立的当地环境中，这是非常不可思议的。因此，我们可以说，人类在过去 10 万年的进化情况与新达尔文主义的理论是不太符合的（当然，从今天的角度去看，这其实是个幸事，因为如果当初有些种族进化得比另一些更高级，那么我们现在还怎么去谈“人人平等”这样的伦理观念）。

如果人类某些种族进化得比另一些更高级，会怎样？（插图来源：Thinkstockphotos）

关于这个问题，演化遗传学家、芝加哥大学荣誉教授杰瑞·考恩（Jerry Coyne）评论说，在人类的进化过程中，“人体中只有 10%—15% 的基因差异代表着种族之间的差异，具体表现就是外表差异；而其他 85%—90% 的基因差异都是代表着每个种族内部人与人之间的个体差异。”考恩解释说，如果从演化生物学的角度去看，这似乎是不正常的。他认为其中的原因可能是，10 万年的时间还是太短了，不足以让不同的人种在智力和行为方面出现重要差异。[96] 当然，这个说法正确与否，有待商榷。

为何没有中间物种？

某些演化生物学家指出，达尔文主义者经常给人这样一种印象：每当有新的证据不利于达尔文的进化论时，他们就会为了“自卫”而想出各种各样的解释，如果达尔文的理论要求他们说某些进化过程很快，他们就会说这些过程很快，而如果达尔文的理论要求他们说某些进化过程很慢，他们就会说这些过程很慢。

心理学家、认知神经科学家、美国凯斯西储大学认知科学系前主任默林·唐纳德（Merlin Donald）曾经在 1991 年的《现代心灵之源》一书中写道：从现有证据来看，猿和人的大脑非常相像，但是，我们无法解释的是，为什么人脑与猿脑相比在智力水平上有着如此显著的差异，而且这种差异显然是“跳跃性”的，而不像是两者在循序渐进的连续进化过程中应该表现出来的那种不同。他进一步指出，在猿和人之间，按说应该有承上启下的“中间物种”，而我们对于这种（或这些）中间物种并没有直接证据，到目前为止，我们的所有证据都不是直接的，所以也就无法直接了解他们的大脑情况和智力水平。

[96] Coyne, Why Evolution is True, 213, 216.

那么，人到底是经过了哪些具体演变，才一步步进化成了现在这个样子，并具有了如此高级的智力水平？要想把这些具体步骤搞清楚，确实太难了。唐纳德指出，正是因为这件事情的难度如此之大，所以很多演化生物学家干脆选择了无视这个问题，或者用一些无法证伪的宏大理论来把这个问题搪塞过去。[97]尽管达尔文主义存在着如此多的漏洞，其支持者仍然认为，他们掌握的生物进化理论是全面的、科学的、不容置疑的。客观地看，他们这种不允许别人质疑的态度，很容易让严谨的科学家把他们看成是在维护一种“没有上帝的宗教”。

被忽视的细菌

除了古尔德之外，还有一个批评者同样让达尔文主义者非常头痛，那就是马古利斯。

[97] Donald, Origins of the Modern Mind, 21.

马古利斯其人

马古利斯是 20 世纪世界上最重要的演化生物学家之一，她在 1983 年成为美国科学院院士，并在 1999 年获得克林顿总统颁发的“国家科学奖章”。与古尔德一样，她也在 2008 年获得了 50 年才颁发一次的著名的“达尔文－华莱士奖章”，是 13 名获奖者之一。

她对细菌演化历史的研究是开拓性的。虽然细菌在地球生物演化史上的绝大部分时间里都是主要的生命形式，但是，长期以来，演化生物学家们却忽视了对细菌的研究。

马古利斯的研究得益于多个方面。首先，如同伽利略在 16 世纪的天文学研究得益于望远镜技术的提高一样，马古利斯对于细菌和其他微生物的研究得益于电子显微镜技术在 20 世纪 60 年代的提高。其次，DNA 被发现了。还有，自从 70 年代以来，基因组分析的成本不断下降，不再像以前那么昂贵。此外还有非常重要的一点是，现在通过显微镜观察的某些细菌同地球上最初 30 亿年里存在的细菌有很多相似的地方，这对于研究那么遥远的过去是非常重要的，而相比之下，演化生物学家对于大多数远古动物和植物的研究除了通过化石记录以外别无他法。

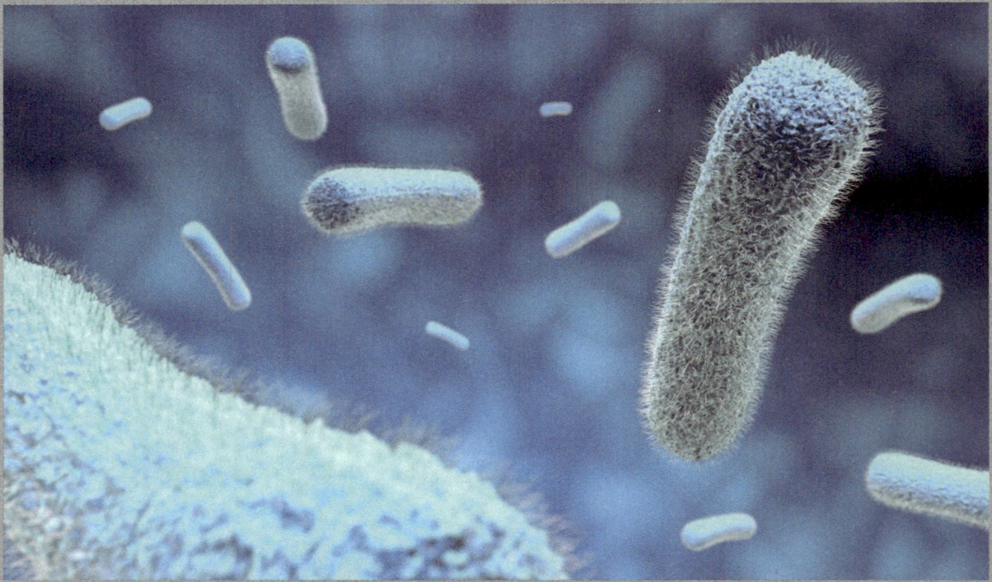

显微镜下的细菌（插图来源：Thinkstockphotos）

马古利斯的新理论：共生演化

细菌可以轻易而且很快地相互交换基因，所以，对于细菌来说，“物种”这个概念并不适用。马古利斯就说过，“细菌不分物种”。[98]而达尔文主义是一个关于“物种”起源的理论，所以并没有直接解释地球上最初几十亿年的生物进化情况。直到今天，细菌仍然代表着地球上生物的一个重要部分，而达尔文关于物种演化的理论并没有涵盖细菌。

达尔文主义认为，新物种的产生是现有物种内部个体之间随机变异的渐进过程，那些最适合生存的变异被不断保留下来，直到新物种的出现。然而，马古利斯发现，细菌的演化并非如此，而是通过一种被她称为“共生”的方式。她在 1967 年的时候指出，一个细菌可以与另一个细菌进行实体结合，从而产生一个新的生物。她描述说，一个细菌可以“吃掉”另一个细菌，而后者仍然可以存活，并与前者一起形成一个新的基因生物。这种由多个细菌微生物结合产生的共生体可以与其他共生体继续结合，从而再产生新细菌。马古利斯提出，在细菌统治地球的大约 20 亿年时间里，这种结合实际上应该是生物演化的主要方式。

细菌共生现象今天仍然继续发挥着重要作用。马古利斯在文章中写道：细菌的“共生”

---

[98] Margulis, Symbiotic Planet, 6.

是一个不断进行的过程，独立的生命不断相互结合，形成更高级、更大的新结构。[99]实际上，在每个人的身体里，比如胃、眼睫毛以及其他部位，都有数以亿计的细菌，这些细菌的存在对于人的正常生物功能至关重要。因此，细菌不断进行的共生过程实际上就是人类进化的一部分，在此过程中，各种各样的生物在人体这个“生态系统”里相互依赖，共同存在。你可能会认为你只是一个“人”，但那是一个假象，因为你实际上是一个“生态系统”，里面有各种各样的微生物，而且，除了每个细胞的核内有你自己的DNA外，在细胞核的外面还有大量的原始细菌DNA。

在这方面，地球上的其他生物与人类是一样的。在生物演化的过程中，除了达尔文理论中提到的基因变异、演化漂移以及其他随机性事件以外，共生也起到了重要作用。例如，马古利斯曾经描述了“绿扁虫”[100]这个有代表性的生命形式：

> 绿扁虫全身呈绿色。它的虫体是半透明的，由于它的组织里充满了绿色的扁藻（一种进行光合作用的藻）[101]，所以整个虫体也就呈绿色。这些绿藻的作用当然不只是为了让绿扁虫好看：它们在绿扁虫体内生活、生长、死亡、繁殖。实际上，

---

[99] Margulis, Symbiotic Planet, 11.

[100] 英文学名：Convoluta roscoffensis。

[101] 英文学名：Platymonas。

它们生产了绿扁虫需要的食物。在幼虫孵出之后，绿扁虫的嘴就变成多余的，不能再用了。这时，绿藻就起到作用了：它们位于透明的绿扁虫体内，就像在一个移动温室之中，阳光可以照射进来，让它们生长，而它们同时释放出光合作用的产物，这就是绿扁虫的食物。绿藻甚至还为绿扁虫进行“废物管理”：它们把绿扁虫的尿酸废物作为对自己有用的营养物，实现循环利用。因此，绿藻和绿扁虫就组成了一个徜徉在阳光中的小型生态系统。[102]

周边环境对于共生有机体的产生具有关键影响，而且，与达尔文提出的演化机制（即随机的基因变化和自然选择）相比，马古利斯提出的共生演化在速度上要快得多。从这个意义上讲，马古利斯的共生演化理论与历史上的拉马克主义有点相似。所谓拉马克主义，是在达尔文之前的一个生物进化学说，由法国博物学家让巴普蒂斯特·拉马克（Jean-Baptiste Lamarck，1744—1829）创立。他认为：生物在新环境的直接影响下，习性会发生改变，某些经常使用的器官会发达增大，而不经常使用的器官会逐渐退化。他还认为，这样获得的后天性状可传给后代，使生物逐渐演变。拉马克主义长期以来被演化生物学界认为是伪科学，主要是因为人们不认为后天获得的性状具有遗传性。而根据马古利斯

[102] Margulis, Symbiotic Planet，9-10.

的理论，环境因素使得像绿扁虫和绿藻那样的生物以共生方式存在，它们组成的新生命体把经过结合的基因传给后代。这种与拉马克主义的相似性，也是马古利斯的理论在开始时遭到强烈抵制的一个原因。

根据马古利斯的推测，在距今 10 亿多年以前，这样的共生作用最终导致了真核细胞的出现，它们是更复杂的有机体，通常含有它们之前的细菌的残留，而这些残留又是更早的细菌的残留。真核细胞的特点是中间有核，周围是细胞其他部分。值得一提的是，除了红细胞以外，今天人体所有细胞都仍然含有 10 亿多年以前的细菌残留（存在于细胞膜中、细胞核外）。不仅如此，每个人的身体里都有数以亿计的细菌，它们对于人体功能经常起到关键作用。马古利斯经常喜欢说的一件事是，由于少数细菌会引发疾病，所以导致其名声不佳，这对细菌是不公平的。[103]

从被嘲讽到被接受

1967 年，当年仅 29 岁的马古利斯首次提出共生演化理论时，受到了很多嘲笑，她的论文先后被 15 家学术期刊拒绝发表。

---

[103] 以上段落皆参考 Margulis, Symbiotic Planet。

在任何科学领域，科学家之间都难免有意见分歧，而且新思想经常受到强烈抵制。演化生物学领域尤其如此，相互诋毁的情况屡见不鲜。

马古利斯本人在 1990 年的时候评论说，当时占据主导地位的新达尔文主义就像一个“宗教派别”那样极力维护他们笃信的理论。[104] 当然，她并不是直到那时才认识到新达尔文主义其实就类似于一种没有上帝的宗教，她早年当学生的时候就发现，人口遗传学（演化生物学专业的学科之一）非常强调那些抽象的新达尔文主义概念，比如“变异负荷”和“选择系数”，这门学科所教的东西更像一种宗教理念，而不是关于真正的有机体是如何进行基因传递和演化的。[105] 著名演化生物学家埃尔德里奇（前文已提到）曾经评论说，马古利斯的理论到了 90 年代被广泛接受，不仅在学术界获得了广泛赞誉，而且“改写了演化生物学的基础教科书”，但是，她在 60 年代末和 70 年代被其他演化生物学家“以异端邪说之名进行谴责”。[106] 即便是现在，虽然马古利斯的理论在专业学术界得到了广泛认可，但普通大众对她的贡献并不了解。

马古利斯对于新达尔文主义的批评不仅限于细菌，而是也涵盖距今更近、有着更复

[104] Quoted in Mann, “Lynn Margulis” , 380.

[105] Margulis, Symbiotic Planet, 18.

[106] Eldredge, “Foreword” , to Margolis and Sagan, What is Life? xii, xiii.

杂细胞结构的植物和动物的演化。她虽然很尊敬达尔文，但同时认为，达尔文的影响实在太大了，所以阻碍了我们真正理解演化生物科学。[107] 不过，她对于新达尔文主义者的批评就没有这么温和了，她在 2002 年写道：在当代的演化生物学家中，“有很多时髦的、被误导的达尔文追随者，他们就连那些自己已经掌握得很好的科学知识也会习惯性地做出错误解释。”[108] 她说：演化并不是物种内部单个个体的事情，实际的生物演化不是在单个个体之间而是在生物群体之间进行，当生物群体的成员以及不同类型的生物在同一时间和地点大量存在时，它们相互融合，相互传递基因，从而导致新的、更复杂的个体产生。[109] 这种共生演化方式与新达尔文主义的看法是非常不一样的。

马古利斯的这个新理论从 80 年代开始越来越多地得到了实证确认。相比之下，达尔文理论的很多细节却一直没有得到证明。这给当时的主流演化生物学界带来了一股强劲的冲击波，也从此奠定了马古利斯在演化生物学界的地位。

马古利斯曾经公开说，她无法想出任何一个可以证明达尔文物种进化理论的实例。她观察道：“尽管达尔文把他的巨著称为《物种起源》，但是他在书里几乎根本就没有

[107] Margulis, Symbiotic Planet, 4.

[108] Margulis and Sagan, Acquiring Genomes, 95-96.

[109] Margulis and Sagan, Acquiring Genomes, 95-96.

讨论新物种的出现。”马古利斯还提到过这样一件轶事：她曾经向埃尔德里奇发起一个挑战，请他举出任何一个被过去或现在的演化生物学文献记载的“新物种形成”的例子，埃尔德里奇经过认真思考后，不得不承认他确实找不出来。马古利斯对于古尔德提出的“间断平衡”的说法表示认可，但很不赞同新达尔文主义的解释。她认为共生演化理论可以更好地解释物种的间断性突然进化现象。[110] 共生是随机发生的间断性现象，而达尔文所说的随机变异和自然选择是一个逐渐、缓慢、长期的过程，所以，普通人听上去也会觉得共生演化比自我选择更好理解。

马古利斯指出，关于微生物是如何进行彼此身体结合的以及生物群落内部和外部是如何发生基因的相互作用的，相关知识早就用专业语言讲过很多次了，但是，显然，大众对于这些知识仍然知之甚少。马古利斯和像她一样从事类似研究的人所使用的专业手段是显微镜和基因分解；相比之下，大多数演化生物学家仍然只依赖化石记录或复杂的数学模型，而这些手段有很大的局限性。另外，从事微生物研究的人主要在医学院或农学院工作，在这些地方，人们研究的主要目的并不是生物演化理论，而是如何找出更好

[110] Margulis, Symbiotic Planet, 6-8.

的方法去“杀死”微生物（为的是防止疾病或虫害）。[111]

在马古利斯看来，新达尔文主义的一个问题是，尽管细菌在地球生物进化史上一直扮演着核心角色，但新达尔文主义一直对细菌不感兴趣，这反映出他们的“人类至上”以及“人位于宇宙中心”的过时思想。[112]

备受争议的“盖亚假说”

尽管马古利斯的共生理论研究得到了学术界的广泛肯定，但是她也有一个极具争议的观点，那就是她积极支持并推动“盖亚假说”（Gaia hypothesis）。该假说的大意是，整个地球就是一个巨大的有机体（也就是共生的终极形式），而不是像我们肉眼看到的那样，只是一个由分子和原子组成的物体。

地球本身就是个生命体吗？（插图来源：Thinkstockphotos）

[111] Margulis and Sagan, Acquiring Genomes, 95.

[112] Margulis and Sagan, Dazzle Gradually, 203.

“盖亚假说”由英国著名大气科学家詹姆斯·洛夫洛克（James Lovelock）在 20 世纪 60 年代末提出，后来经过他和马古利斯的推动，逐步引起西方科学界的重视。这个假说很有争议性，被不少人认为超出了科学范畴或缺乏科学证据的支撑。不过，马古利斯的共生理论刚提出时同样被认为不可能，但在 80 年代和 90 年代得到了科学界的广泛认可。任何科学家都不会否认地球的基本环境在很大程度上受到生物过程的影响，比如，含有 O_2 的大气是大约 30 亿年前的细菌活动的结果，今天植物的光合作用在吸收 CO_2 和释放 O_2 方面起到关键作用。所以，从这个意义上来讲，说不定地球确实可以被看成是个“活着”的有机体，这就好比人体就是一个大的生态系统，其中包括了数以亿计的微生物，这些微生物以共生的形式一起组成了“人”。

牛津辩论

马古利斯在 2008 年曾经受邀在牛津大学担任“伊斯特曼（Eastman）访问教授”。这是一个非常显赫的学术职位，之前受邀担任此职的人也都是世界顶尖学者，包括许多诺贝尔奖获得者。

马古利斯在牛津大学期间，人们为她和道金斯安排了一场辩论。道金斯从 1995 年到

2008 年在牛津大学担任“科学公共认知教授”，[113] 前文已经介绍过，他是新达尔文主义的旗帜性人物。他最广为人知的著作是 1976 年出版的《自私的基因》，他认为，生物进化是以基因为中心的，而不是像马古利斯认为的以共生方式进行。道金斯在这本书中解释说，他之所以说“基因是自私的”，不是因为基因本身具有自私的动机，而是因为基因变异的结果可以用比喻的方式描述成他们是自私的。《自私的基因》首次出版之后就极为畅销，几乎立即引发了“生物界的一场静悄悄的革命”，[114] 这本书现在仍然被广泛阅读，已经售出了几百万册。[115]

该次辩论于 2009 年 5 月在贝利奥尔学院（Balliol College）举行，该学院是牛津大学最著名、最古老的学院之一，以活跃的政治氛围著称，曾经培养出多位英国政要。

道金斯的同事、古生物学家马丁·布雷泽（Martin Brasier, 1947—2014）是本次辩论的评论员之一。他后来在 2012 年评论这次辩论的重要性时这样说：“在辩论大厅的一边，站着林恩·马古利斯——《共生的星球》的作者、共生理论的最伟大的在世倡导者，而在另一边，站着理查德·道金斯——《自私的基因》的作者、新达尔文主义的最受公

[113] Oxford Professor for the Public Understanding of Science.

[114] Grafen and Ridley, eds., Richard Dawkins: How A Scientist Changed the Way We Think, 72.

[115]《自私的基因》40 周年英文版封面语。

众瞩目的支持者。”

本次辩论的目的就是探讨地球自从 40 多亿年以前产生以来生物进化是如何进行的。

布雷泽在回忆马古利斯在这场辩论中的表现时，这样写道：“她在辩论开始后不久就告诉我们说，在生物进化过程中，几乎所有主要的物种形成大事件都是由于某种‘危险的结合’，也就是两个关联度不高的有机体实现了共生，并任性地把它们的遗传信息包在了一起，形成全新的基因菌株。”马古利斯明确指出，“几乎所有新生物的形成都不可能是随机变异、自然选择的结果。”而另一方道金斯辩称，“基因是生物信息的最终承载者，因而也是自然选择的最终作用对象，基因是出色的再生器，它们位于一个层级的顶部，这个层级从基因开始，经过细胞，通过细胞器，到达生物个体，然后到达生物群。”[116]

谁赢得了这场辩论？（插图来源：Thinkstockphotos）

[116] Brasier, “The Battle of Balliol”, 74-76.

布雷泽在他的回忆中自问道："那么，在这场辩论中，到底谁赢了？"他认为，要想做出公平的评判，就要看一看：在他们两人分别提出的两种生命策略之中，哪一种在地球生物进化的过程中是胜出者，是道金斯说的"层级式"还是马古利斯说的"共生网络式"？布雷泽认为，证据明显偏向于马古利斯，因为生物圈内的大多数基因转移都发生在细菌或古生菌之间，而且绝大多数微生物都可以在共生组织之中找到。布雷泽这样写道："在我看来，生物进化过程中的每一个重要阶段似乎都涉及最大规模意义上的共生网络革命，比如：细胞生物的进化（35 亿年前）、真核细胞的进化（18 亿年前）、动物内脏的进化（5.8 亿年前）以及植物根系的进化（5.8 亿年前）。我们甚至似乎可以说，正是因为生物进化的深层历史上的这种革命，才使得我们这个星球变得可居住。"[117] 出于礼貌，布雷泽并没有直接说出他认为谁赢得了这场辩论，但是他的倾向性还是比较明显。

本次辩论的主持人是牛津大学的生理学家丹尼斯·诺布尔（Denis Noble），他也是道金斯在牛津大学的同事，而且他们两人在很多年里经常一起讨论问题。诺布尔对于这次辩论的评价与布雷泽相似。他承认，他之前在写《生命的音乐》（2008 年出版）一书时就已经对新达尔文主义产生了严重怀疑，当时他就发现，标准的达尔文进化理论在生

[117] Brasier, "The Battle of Balliol", 78.

理学上讲不太通。如果有机体只是基因的载体，而基因变异又完全是随机发生的，那就意味着生理学对于研究新物种产生的主要过程是没有多大用处的——这听起来太“奇怪”了。[118] 诺布尔说，到 2009 年道金斯与马古利斯之间这场辩论的时候，他已经得出了结论：新达尔文主义一定是不完整的，甚至是根本错误的。[119] 他这样评价道金斯的代表作《自私的基因》：

> 我承认，我现在不再知道他说的基因是什么东西，而且，不论基因是什么，我认为用“自私”这个词去形容它是不恰当的。作为一名生理学家，我在研究基因及其产物核糖核酸以及蛋白质的时候，发现它们在大的合作性网络中相互作用，从而产生（我们在动物的身体和行为上所观察到的）生理功能。这些网络的存在可以缓冲单个基因的变化，从而减少单个基因对于生物的功能性的影响。[120]

演化生物学的最新研究成果对道金斯很不利，他也因此遭到了越来越多的人的质疑。英国杰出的政治哲学家、伦敦政治经济学院的约翰·格雷（John Gray）在评论道金斯在 2003 年出的一本著作的时候这样写道：道金斯是一个“反宗教的传教士”——这句话可

[118] Noble, “Science, Music, Philosophy” , 80.

[119] Noble, “Science, Music, Philosophy” , 81.

[120] Noble, “Science, Music, Philosophy” , 81.

以解释为：道金斯作为无神论者，是极力反对宗教的，但是，他自己却抱定新达尔文主义这个信仰，即便科学证据不支持他这个信仰，他仍然极力宣传它，因此，他可以被看成是新达尔文主义这个“没有上帝的宗教”的传教士。格雷在他的书评中这样写道：“（道金斯）不认为物竞天择、适者生存的进化论有可能是错误的，而是认为它是一个颠扑不破的真理，而且这个真理只揭示给了一位卓越的天才。”[121] 格雷所说的“卓越的天才”当然是达尔文，但他真正想批评的人是道金斯，因为在他眼里，道金斯就像维护宗教信仰那样不遗余力地维护并传播一个备受质疑的理论。

细胞也有灵性吗？

美国科学院院士、演化生物学家尤金·库宁（Eugene Koonin）在 2011 年的《随机的逻辑》一书中写道：“由于基因组技术和系统生物学的快速发展，我们在 21 世纪前 10 年里获得的关于进化的关键方面的知识比起过去一个半世纪里获得的都要多。” 在这

[121] Gray, “The Closed Mind of Richard Dawkins”.

本书中，库宁在回顾了过去 70 年里演化生物学的发展历史之后，总结说：新达尔文主义的“现代综合进化论”（前文已经提到，就是把达尔文的传统进化论与孟德尔的遗传学结合起来的理论）已经变成了一种“相对狭隘的、在某些方面陷入教条主义的概念框架”。现代综合进化论向人们灌输的思想是，进化是逐渐的、均变的，而且自然选择是进化的唯一途径。然而，近年来演化生物学领域越来越多的新发现已经进一步说明：新达尔文主义的现代综合进化论“在所有基本问题上都是一种非常教条的、很不完整的理论”。[122]

在过去 100 多年里，科学界有两个出人意料但非常重要的发现。第一个是，量子物理学家发现微观粒子似乎是有意识的（第五章将详细解释这是怎么回事）。第二个是，演化生物学家也发现细胞似乎是有灵性的，马古利斯在这个发现中发挥了重要作用，但是很多其他科学家都有贡献，他们的这个发现比量子物理学的发现要晚一些，但是注定会对演化生物学家的思维方式产生重要影响。

芝加哥大学微生物学教授詹姆斯·夏皮罗（James Shapiro）在 2011 年出版的《21 世纪看进化论》一书中详细解释了这个发现及其对于演化生物学的影响。

近些年来，随着研究手段的日趋先进，特别是 DNA 的发现以及基因组分析成本的

[122] Koonin, The Logic of Chance, 14, 18-19, 416.

降低，演化生物学研究不再像以前那样只采用“讲故事”的方式，[123] 而是更多地采用类似于物理和化学的研究方式，其成果令人惊讶不已，夏皮罗写道：“通过对分子进行分析，我们可以清楚地了解到活体细胞可能‘操纵’DNA 的无数种方式。20 世纪末期和本世纪早期发展起来的基因组测序技术已经证明，‘基因自我改善’在进化历史上发挥了主要作用。”[124]

夏皮罗写道：从演化生物学的最新研究成果来看，能够完全支持达尔文进化论（即进化是一个循序渐进的过程，是由很多个不断发生的微小变化积累起来的）的无争议证据几乎没有；相反，有清楚的证据表明，在基因组织的各个层面上，某些变化是突然发生的。细胞基因组之所以会发生快速的变化，一个重要方式是基因组之间相互融合，比如通过吞噬或因细胞入侵而导致的内共生。总体而言，对于基因组的变化，目前普遍接受的观点是：它们是由活跃的细胞活动引起的，而不是像新达尔文主义者所说的那样由一系列随机变化引起。[125]

---

[123] 用美国哲学家、认知科学家、罗格斯大学荣誉教授杰瑞·福多（Jerry Fodor）的话说，过去演化生物学家主要是采用“历史叙事”（historical narratives）的方式。

[124] Shapiro, Evolution, 2.

[125] Shapiro, Evolution, 128-129.

夏皮罗承认，所有这一切都显得很神秘。像细胞那么原始的有机体怎么可能通过分子方式来操纵它的基因变异，使之有利于自己的进化生存？夏皮罗在书中这样写道：“细胞真的有这样的能力吗？我们在培养新科学家的时候不是告诉他们无论如何也要避免这种‘目的论’的思维方式吗？”（所谓目的论，指在描述某个东西时，把它说成是有意图、原则或目标的。比如，亚里士多德曾经说过，一颗橡子的目的就是长成一个大橡树）

橡子也有“目的”吗？（插图来源：Thinkstockphotos）

然而，大自然不会服从人类的偏见。夏皮罗写道："我们对于细胞的分子活动方式了解得越多，就越惊讶于它们所包含的回路的纵深度，这种纵深度使得它们在执行复杂任务时能够做到既准确又'消息灵通'。目前，生物学很多领域里的专家都普遍认可这种看法。"另外，非常神奇的是，就连植物也具备这样的能力，而且现在正在兴起一个新学科"植物神经学"。夏皮罗观察道："细胞似乎具有认知能力，能够根据清晰的目标做出决定——这已经成为主流观点。"[126]

夏皮罗解释说，细胞通常将大量的能量和物质用于信息处理和自我调节，例如，"产生抗体的 B 淋巴细胞"只是哺乳动物体内数百个为了特定功能目的而存在的专门细胞类型之一。以前，演化生物学家只能根据过去的化石记录来分析判断，而现在，他们可以在实验室里进行真正的"实验测试"。到目前为止的测试结果表明："具有功能目的性和协调性的基因自我改善"是地球上生命进化的核心部分。夏皮罗写道："具有认知性的细胞行为导致了成功的演化。"他说，最近的演化生物学研究已经表明："活体生物和有机体是有灵性的，它们的行为以及相互作用是为了保证生存、生长和繁殖。"他介绍说，实验室研究结果已经证明了细胞的目的性。换句话说，尽管细胞没有人类那样的意识，但是，

[126] Shapiro, Evolution, 136-137.

它们在追逐一个目的，那就是通过“改善自己的基因”来提高生存能力。[127]

尽管现在已经有大量关于“基因自我改善”的实证研究，但是，夏皮罗说道：这些研究成果“遭到了主流生物学家特别是演化生物学家的强烈抵制。”夏皮罗本人也曾经遭到一些演化生物学家的指责。夏皮罗写道：作为一名科学家，他只是根据科学研究结果去分析问题，不管这种结果多么难以用常识去理解；很多演化生物学家之所以强烈抵制，实际上与科学没有多大关系，而是因为“这本质上是一个哲学问题，可以追溯到19世纪晚期（也就是进化论刚提出的时候）针对进化论的争论以及20世纪早期的机制论与活力论之争。”[128]

夏皮罗在这里所说的机制论与活力论之争，指的是哲学界的一个著名争论。机制论认为，一切自然现象都是由某种物理机制导致，所以都可以用物理原因解释。而活力论认为，有生命的有机物与无生命的东西有着根本的不同，因为前者含有非物理的活力因素，也就是说，不能完全用机械的物理思维去解释生命。活力论一直被广泛认为是伪科学，有着强烈的宗教色彩。因此，夏皮罗认为，有人之所以对“细胞有灵性”这个说法如此抵制，

[127] Shapiro, Evolution, 137, 143, 147.

[128] Shapiro, Evolution, 138.

是因为他们把这个说法与活力论联系了起来。然而，在夏皮罗看来，新达尔文主义才是非科学的想象，具有强烈的宗教色彩。[129]

夏皮罗对新达尔文主义的猛烈批评令当今很多演化生物学家惊愕不已。新达尔文主义一直是他们眼中的正统理论，而现在，有人（既包括夏皮罗也包括前文提到的古尔德和马古利斯等很多其他人）站出来说，有力的科学证据表明新达尔文主义错了，这令他们难以接受，这就好比当年基督徒听到达尔文的进化论时感到惊愕万分一样。

夏皮罗的观点之所以让很多演化生物学家难以接受，根本原因就是它挑战了新达尔文主义的底线“随机变异”。

“随机变异”是新达尔文主义的基本假设。但是，夏皮罗认为，这个假设本身并不是一个科学结论，它之所以如此受推崇，在很大程度上是因为 19 至 20 世纪的生物学家们下决心抵制宗教对于物种起源的解释，而只有强调随机变异和自然选择，才能从根本上否定神创论。[130] 这些生物学家为了这个目的，把生物进化机制划分成两类：一类是完全随机的遗传变异，另一类是所有其他的适应性进化方式。换句话说，夏皮罗认为，新

[129] 关于进化机制的最新思想，可参见 Ward and Kirschvink, A New History of Life。

[130] Shapiro, Evolution, 1-2.

达尔文主义实际上是首先确定了一个目的，然而再去为这个目的寻找有利的证据，并压制不利的证据，这违反了实事求是的科学研究原则。

夏皮罗认为，随机变异和自然选择所导致的进化注定是一个非常缓慢的过程。设想一下，如果活体生物自己有能力加快遗传变异的过程，那么前文讨论过的“进化时间够不够”那个问题也就好回答了，而且，如果活体生物能够自己主导新基因的出现，使之朝着有利于自己生存的方向发展，那就更不一样了。但是，演化生物学家从最开始就把这种可能性排除了，因为那需要细胞和其他有生命的有机体具备为自己的未来进行“规划”的神奇能力。他们认为，可能只有人类以及个别哺乳动物才能做到这一点，而地球上的其他生物显然做不到。

是故事不是定律

2008年的时候，当代著名哲学家、美国罗格斯大学的杰瑞·福多（Jerry Fodor）在《意识与语言》期刊上发表了一篇题为“反对达尔文主义”的文章。[131] 他在文章中说，他丝

[131] Fodor, “Against Darwinism”.

毫不怀疑达尔文主义的中心要点，即所有生物都是在地球的漫长历史中进化来的，而且物种是不断变异的；但是，他认为，用"物竞天择，适者生存"去解释生物进化的细节问题，并且把它当成是进化法则，极为不妥。他写道：达尔文主义所宣传的，不仅仅是一个关于生物演化的自然选择理论，更重要的是，它还强调了一个"因果关系"，那就是，是自然选择导致了生物进化。福多说："嗯，如果我的理解没错，这恰恰是达尔文没有做的，自然选择理论恰恰不是一种关于因果关系的理论。"[132]

福多用了生活中的一个常见例子来说明他这句话是什么意思。在我们的周围，总有一些有钱人，我们总能找出这样或那样的原因来解释这些人为什么有钱，比如继承、精明、在对的时间做了对的事情、贵人相助、运气好、巧取豪夺，如此等等。实际上，关于如何致富，已经有数不清的书提出了各种理论，但是，估计沃伦·巴菲特（Warren Buffett，世界著名投资商）不太可能读那种书，因为如果这些书所宣传的"致富经"真的灵验，那么岂不是每个人都可以成为富翁？要想解释富翁为什么成为富翁，最好的办法不是一概而论地谈致富经，而是具体分析每个富翁的故事，也就是研究一下他们每个人身上有哪些品质，在什么时间、什么地方以及什么情况下干了些什么。福多认为，演化生物学

[132] Fodor, "Against Darwinism", 22-23; Fodor and Piattelli-Palmarini, What Darwin Got Wrong.

家在研究生物演化问题时也应该这样，他们应该尝试理解每个物种的进化过程，从而加强人们对于进化的认识，但是，如果只根据某些物种在历史上的进化情况就总结出所谓的普遍规律并奉为真理，这在逻辑上是说不通的。这种所谓的规律即便不完全错误，至少也有问题。

读“致富经”就可以致富？（插图来源：Thinkstockphotos）

福多不否认，每种生物都有着不同的身体和行为特点，它们之间存在着竞争，这是生物进化的驱动力，而且，具体到每一种生物来说，它之所以成为竞争的胜利者或失败者，一定有这样或那样的原因可以解释。但是，福多同时认为，要想为生物演化找出一个科学规律，也就是像物理学定理那样的普遍规律，是非常难的，达尔文主义显然远远算不上是那样的规律。福多说，没有任何原因表明，达尔文主义对于生物进化的解释可以被看成是适用于所有类型的生物的普遍规律。换句话说，如果说达尔文主义有价值，那么它的这个价值在于，它叙述了一个关于自然历史的“故事”，而不是揭示了一个生物学的“定律”。[133]

福多认为，达尔文主义不仅没有发现生物进化定律，而且也没有指出生物的哪些可遗传特征是通过什么机制进行自我选择的。[134] 动植物的世界太多样化、太复杂了，而且，生物进化的时间太长了，所以要想找到久远年代的证据太难了。即使我们只是想把现在的自然生态问题搞清楚，也是非常难的，而要想研究几百万年甚至几亿年前的生态事件以及物种的作用和行为，就更加困难。

[133] Fodor, “Against Darwinism”, 1, 15, 17.

[134] Fodor, “Against Darwinism”, 22.

达尔文主义者在潜意识里似乎认为，有一个更高级的力量在控制着生物进化的自然选择过程，因为他们经常说：在进化过程中，生物的某些特质会受到青睐（即物竞天择）。但是，福多解释道："严格地说，受到青睐的，并不是这些特质，而是拥有这些特质的生物。因此，赢得或输掉竞争的不是这些特质，而是拥有这些特质的生物。"而且，竞争结果太复杂了，所以要想总结出一个关于物种特质进化的普遍规律，是不可能的。常见的进化论教材往往把竞争结果归因于"老天"的选择，但是，福多指出，这个说法太笼统了。

总之，福多认为，达尔文主义被过度消费了，1859 年发表的《物种起源》让大众了解到地球的生物历史是一个极其漫长和多样化的进化过程，这是值得肯定的，但是，由于达尔文主义没有提出一个在科学上讲得通的进化适应机制，所以自然选择理论只能算是一个没有科学根据的假说。[135]

希特勒的教授们

既然达尔文主义遭到了如此多的质疑，那么，在这些质疑得到解决之前，我们就不

[135] Fodor. "Against Darwinism", 10, 17, 23.

能把它奉为普遍真理，否则就违反了实事求是的科学态度。

不仅如此。如果“适者生存”的观点应用于人类，后果可能是非常可怕的。现在有一个专门的词叫“社会达尔文主义”，它最早出现在 19 世纪 80 年代，指的就是把达尔文进化论中的自然选择思想应用于人类社会。[136] 最早提出这一思想的是英国哲学家赫伯特·斯宾塞（Herbert Spencer，1820—1903），他认为社会可以和生物有机体相比拟，社会与其成员的关系有如生物个体与其细胞的关系。社会也像生物个体一样，应被看做是以这种方式进化的有机体。这种思想成为种族主义政策的哲学基础。社会达尔文主义从 19 世纪开始风行，一直持续到第二次世界大战结束。

奉行社会达尔文主义的最有名例子就是阿道夫·希特勒（Adolf Hitler，1889—1945）和他所代表的德国纳粹。希特勒的罪行早已人尽皆知，这里只简单描述那些对他的思想和行为有着重要影响的人。

麦迪逊·格兰特（Madison Grant，1865—1937）出生于美国一个上层社会家庭，他的祖先可以追溯到理查德·特瑞特（Richard Treat，1584—1669），曾担任英格兰皮特敏斯特（Pitminster）教堂的主持，是 17 世纪 30 年代第一批到达美国新英格兰地区的清教徒。

[136] Hodgson，“Social Darwinism in Anglophone Academic Journals: A Contribution to the History of the Term”.

格兰特是西奥多·罗斯福（Theodore Roosevelt，1858—1919，美国第26任总统）的好友，也是当时在政界很有影响力的“布恩－科奥科特俱乐部”（Boone and Crockett Club，罗斯福建立的一个精英俱乐部）的成员。

格兰特毕业于耶鲁大学，曾经在1895年创建了布朗克斯（Bronx）动物园，在那之后，他在建立德纳利（Denali）国家公园、大沼泽地（Everglades）国家公园以及奥林匹克（Olympic）国家公园的过程中都发挥了非常重要的作用。[137] 在20世纪30年代，美国生物保护局（也就是现在的鱼类和野生动植物管理局）局长曾经说格兰特是“过去25年来野生生物保护的教父”。[138]

那个时候，达尔文的进化论思想已经非常普及，人类已经被看成是自然界的一部分。格兰特是达尔文主义的忠实拥趸，认为达尔文关于生物进化的世界观也适用于人这个物种。因此，格兰特的兴趣并不仅限于野生植物和动物的保护和管理，而是也包括“人类管理”。格兰特是“科学种族主义”的重要倡导者。他在1916年的《伟大种族的消逝》[139] 一书中，

[137] Spiro, Defending the Master Race, 67.

[138] Quoted in Spiro, Defending the Master Race, 28.

[139] The Passing of the Great Race.

详细解释了什么是科学种族主义。他在书的开头说：他要根据达尔文的适者生存原则，“从种族的角度去澄清历史的含义。”[140] 他的传记作家乔纳森·斯皮罗（Jonathan Spiro）这样写道：格兰特关于人类历史的整个理论都聚焦于基因和进化的基本作用，他所说的人类历史其实就是一个关于“种族的进化、迁移和相互竞争”的故事，而他所说的种族，就是人类这个物种的亚种。在格兰特的眼里，整个欧洲的历史是由3个亚种决定的，分别是：欧洲北部的“北欧人”、欧洲东部和中部的“阿尔卑斯人”以及欧洲南部和西南部的“地中海人”。根据格兰特的说法，北欧人是“优等种族”。[141] 他的理论是，北方的气候更加寒冷，生存条件更加恶劣，所以生存的自然压力更大，从而造就了从进化角度来说更加优越的北欧民族。

格兰特是当时在美国和北欧盛行的“优生运动”的积极倡导者。他警告说，根据达尔文的生物科学理论，人类道德中的危险将会渗透到那些适应能力差的人，从而对整个人类物种的进步构成障碍。从19世纪开始，人类在利用牛顿等的科学发现来控制自然方面已经取得了巨大成功，改善了全人类的生存状况。既然如此，为什么不把达尔文发现

[140] Grant, quoted in Spiro, Defending the Master Race,145.

[141] Spiro, Defending the Master Race,145, 148-149.

的最先进的进化理论也同样付诸实践，以便为人类谋求长远的进步？

格兰特的文章被不少人认真阅读并尝试付诸实践。其中最有名的一个人就是希特勒。

希特勒所倡导的纳粹主义实际上就是将旧的基督教理念与现代的进化论观点结合起来。[142] 美国历史学家戴维·雷德里斯（David Redles）在《希特勒的千年德意志帝国》一书中详细讲述了在德国纳粹统治期间“通过种族竞争获得进化救赎”的达尔文式观点是如何渗透到德国生活的方方面面的。雷德里斯这样写道：这种旧宗教与新宗教的结合“对于很多德国人以及非德国人来说都是非常容易沉醉其中的，他们接受了希特勒自我刻画的救世主形象，把他看成是先知先觉者和救世者，是基督或类似于上帝那样的人物，是从天堂派来让德国免于毁灭的人。”[143]

关于德国的民族社会主义（National Socialism，“纳粹”在德文中就是民族社会主义的意思），英国曼彻斯特大学的迈克尔·赫尔兹尔（Michael Hoelzl）曾经这样写道：准确地说，它已经不属于“意识形态”，而应归于“神学”范畴，因为如果我们只去讨论希特勒的意识形态，就会忽视关键的一点，那就是，当时的人们之所以对希特勒如此

[142] Bucher, Hitler's Theology.

[143] Redles, Hitler's Millennial Reich, 158.

着迷，在很大程度上是因为他利用了神学语言所象征的力量以及他所承诺的一个更高级、更伟大的超自然的现实。所有这些都被标榜为“世界的真理”，这些真理被达尔文的伟大发现以及演化生物学理论揭示出来，需要在德国付诸实践。[144]

很多德国人后来在回顾他们当初参与纳粹的经历时，把当时的过程称为一次“归化”。雷德里斯在他的书中写道：这本质上就是一种宗教归化，纳粹主义者在谈及他们的信仰时几乎总是带着正义感，认为他们的信仰是通向救赎的正确之路，而且他们还经常深深体会到一种“从混沌到清楚、从黑暗到光明”的感觉，认为自己的思想经历了一个从无序到有序的过程。他们之所以获得这种有序的感觉，是因为纳粹的说教用进化论的语言向他们揭示了既简单又深奥的真理。[145]希特勒本人曾经这样描述德国人（特别是年轻人）在听到他的基于达尔文进化论的尘世救赎论时的反应：

> 你可以感觉到他们内心的归化。然后，你就会意识到，在一个腐朽时代的死气沉沉的气氛里，有一种新信仰正在觉醒并发展壮大。这个信仰代表着神圣的正义和上天的真理。它还代表着一种精神乐园，在这个乐园里，人们对于权力的追求、对

[144] Hoelzl, "Introduction", to Bucher, Hitler's Theology, xvii.

[145] Redles, Hitler's Millennial Reich, 85, 89.

武力的使用以及相互之间的敌意将让位于平等、友爱、牺牲精神、爱和忠诚，以及怀着相信上帝的开放之心站在上帝面前的意愿。并且他们将拥有足够的内心荣耀，断断续续地说出他们为（德国）兄弟们和父亲们的祈祷："主啊，请原谅他们，因为他们不知道自己做了什么。"一个新的世界将完全建立在这种觉醒的基础上，我们的任务就是要打好这个基础。[146]

历史学家理查德·斯泰格曼－高尔（Richard Steigmann–Gall）写道：在当时德国的各种社会圈子里，纳粹主义被植入了基督教信仰的关键因素，并且得到了德国基督教（特别是新教）领导人的支持。现在回过头去看，我们知道纳粹主义在世界历史上是邪恶的象征，因此，把纳粹与基督教联系起来对于很多人来说是完全不可想象的。[147] 同样，今天的坚定的达尔文主义者也很难想象达尔文主义对 1919—1945 年间的德国历史曾经起到了重要作用。

很多文学作品把德国纳粹主义描绘成一种奇怪的、变态的、无法用常理去理解的意识形态。实际上并非如此。雷德里斯评论说：纳粹主义的观点和目标非常清晰，这

---

[146] Hitler, quoted in Redless, Hitler's Millennial Reich, 78-79.

[147] Steigmann-Gall, The Holy Reich, 266; Comfort, Hitler, God & the Bible.

是很多人被归化的首要原因。很多历史学家忽视了这一点。有些人认为，纳粹的口头或书面宣传只是一些毫无意义的观念的大杂烩，对于听众没有多大影响。这是一种错误的看法。[148]

当民族社会主义与基督教混合在一起的时候，其说教听上去确实像是将演化生物学理论以合乎逻辑的方式应用于人类社会。正如现代物理学为人类改造大自然提供了科学知识一样，当时德国的演化生物学也为追求人类更大的进步和更好的进化提供了科学依据。

纳粹集中营的铁丝网（插图来源：Thinkstockphotos）

[148] Redless, Hitler's Millennial Reich, 90.

美国加利福尼亚州立大学历史学教授理查德·维卡特（Richard Weikart）曾经在2004年出了一本有争议的书《从达尔文到希特勒》。这本书之所以有争议，是因为很多人认为它具有主观的反进化论倾向。[149]但是，无论如何，维卡特在书中的下面这段话值得深思：

> 纳粹野蛮主义的动机就是他们引以为豪的“科学性”。道德的判断标准就是是否有利于进化。无论是谁，只要能够促进人类的进步，就是好的，而无论是什么事情，只要阻碍了生物改善，就是不道德的。在自然竞争的过程中，很多人本来就是要被淘汰的，那么为什么不通过行动加快消灭那些残疾的和低等的种族，以改善人类呢？根据这个理论，对于那些不适合继续生存的个人和种族的消灭不仅在道德上没有问题，而且是值得赞赏的做法。[150]

1946年的时候，也就是第二次世界大战结束之后不久，德国纳粹的很多文件被曝光，位于纽约的意第绪语科学研究所（Yiddish Scientific Institute）发布了一个综合性报告《希特勒的教授们》，详述了当时德国学术界在屠杀犹太人的罪行中所扮演的令人惊讶的巨

[149] Forrest and Gross, Creationism's Trojan Horse: The Wedge of Intelligent Design, 206.
[150] Weikart, From Darwin to Hitler, 227.

大作用。[151] 该报告的作者、语言学家马克斯·温里克（Max Weinrich, 1894—1969）写道：“德国的整个统治阶级都投入到这场罪行中去了，其中也包括了学术界，他们为这场史无前例的大屠杀出谋划策，并为其合法性进行辩护。”参与其中的学术界人士涵盖了几乎所有学科，比如人类学、生物学以及社会和人文科学的所有学科。温里克写道：很多人可能更愿意相信，纳粹德国把真正的学者都赶走了，而只留下了那些由纳粹提拔起来的伪学者；但是，缴获的纳粹文件清楚地表明，这种看法毫无根据。温里克在报告中说：达尔文主义在那个时候被认为是科学知识的高峰，德国很多顶尖学者都从达尔文主义的角度看世界。

温里克在报告的开头这样写道：我们将在这份报告中引用大量的德国学者的话，与那些在战前和战中起到重要作用的其他德国人一样，他们中的很多人长期身居高位，包括大学教授和院士，有些是世界著名学者，比如有名气的作者和经常在海外演讲的学者，他们之前常常与盟国（即英、法、美等国）的学者们在国际会议上见面，并且交情深厚。德国学术界的精英阶层之所以对民族社会主义的观点深信不疑，是因为他们一旦脱离了传统道德观念的束缚，那么，将演化生物学的原则应用于人类社会的做法，居然出人意

[151] Weinrich, Hitler's Professors, 5-7.

料地合乎逻辑。

鲁道夫·赫斯（Rudolf Hess，1894—1987）与希特勒关系极为密切，曾经在20世纪20年代早期与希特勒同在德国兰德斯堡监狱服刑，并与另一名狱友埃米尔·莫里斯（Emil Maurice，1897—1972）一起笔录了希特勒的名作《我的奋斗》。纳粹党于1925年重组之后，赫斯成为希特勒的私人秘书，并于1933年担任德国纳粹的副元首。他在第二次世界大战之后被判处无期徒刑，直到1987年在狱中自杀。他在1934年的时候曾经说过一句著名的话："民族社会主义不是别的，就是应用生物学。"[152]（前文已讲，民族社会主义在德文中就是"纳粹"的意思）

温里克写道："反犹太的思想与行为框架的基础就是种族科学。"这个所谓的种族科学，应该就来源于演化生物学和遗传学。很多世界闻名的德国学者在其中起到了关键作用，包括遗传学家埃尔温·鲍尔（Erwin Baur，1875—1933）、优生学家恩斯特·鲁丁（Ernst Rudin，1874—1952）以及医学、人类学和优生学家欧根·费希尔（Eugen Fischer，1874—1967）等。在谈到达尔文的进化论思想的重要作用时，鲁丁（与另外两位共同作者一起）在1933年这样写道：

---

[152] 赫斯是在1934年的一次群众大会上说这句话的。

我们数十年来的整个文化生活都或多或少受到生物学思想的影响，这些思想开始于大约上个世纪中期，由达尔文、孟德尔以及高尔顿等提出，后来被普罗兹、沙尔迈耶、科伦斯、德弗里斯、丘歇马克、鲍尔、鲁丁、费希尔、伦茨等进一步发展。[153] 尽管我们经过了几十年才有勇气根据自然科学的初步发现去开展系统的遗传研究，但是，我们应该马上将这些研究成果进行传播并应用于人类，不能再拖了。我们已经认识到，适用于植物和动物的自然法则也应该适用于人类。[154]

我们难免要问：是否应该让达尔文以及 19 世纪末 20 世纪初热情宣传达尔文主义的演化生物学家们为后来发生的悲剧负责？显然，他们不可能预见到自己的思想会在德国被派上那样的用场。他们要是能预见到，说不定会为了避免那样的惨剧而放弃自己的演化生物学研究。而且，有些演化生物学家可能会说：我们的责任就是做尽可能好的科学研究，至于别人以及社会如何使用我们的成果，那是他们的事，不是我们能左右的。按照这个逻辑，我们可以说：20 世纪前半叶发生的那些可怕之事，尽管利用了演化生物学的名义，但是，我们无法让演化生物学家为之负责，因为他们只是向世人报告了他们的

[153] 上述名字的英文分别是：Darwin, Mendel, Galton, Ploetz, Schallmeyer, Correns, de Vries, Tschermak, Baur, Rudin, Fischer, Lenz。

[154] Rudin, et al., quoted in Weinrich, Hitler's Professors, 33.

研究成果而已。

但是，当时确实也有很多演化生物学家积极参与了一些旨在将达尔文的进化论应用于人类社会的政治活动。另外，很多演化生物学家夸大了达尔文进化论的科学性，这鼓励了某些人超越科学边界，将这个理论应用于人类社会。虽然很多演化生物学家本人并没有参与这样的行为，但是，他们作为旁观者，在公开场合保持沉默，任由达尔文的进化论被扭曲和滥用。无论如何，这段历史是一个惨痛的教训。

没有上帝的宗教

如果一个理论没有通过验证就被奉为科学，那么其中就多少带有点宗教的成分。进化论就是如此，尽管它有很多漏洞，但很多人还是把它当成了真理，并且进而用它去解释人类历史的发展规律。

美国社会学家贝拉花了13年时间，终于在2011年完成了一部百科全书式的著作《人类进化中的宗教》。在这本书的结论部分，他解释说：他在研究和写作过程中，有很多让他惊讶的新发现，但是，他在几乎写完全书的时候，还是觉得有必要对其中的“进化机制”那一章进行完全的重写，因为他发现，自从他在 2000 年左右完成了那章的草稿之后，科学家对于生物进化的理解在之后的 10 年左右时间里发生了戏剧性的变化，这让他认识到，达尔文主义远不是一个可以盖棺定论的科学解释。[155]

与他有着同样观点的还有英国哲学家玛丽·米奇利（Mary Midgley，1919—2018），她的《进化论的宗教色彩》一书被贝拉认为是关于进化论与宗教之间的关系的“最好分析”。她在这本书中指出，很多达尔文主义的拥趸都是“进化的崇拜者”，他们对于进化论的态度，堪比传统宗教信徒们对于自己的宗教信仰的笃信。[156]

美国杰出的法律哲学家罗纳德·德沃金（Ronald Dworkin，1931—2013）也持这种看法。[157] 他被哈佛大学法律学者、曾担任美国白宫信息和监管事务办公室主任[158]的卡斯·森斯坦（Cass Sunstein）认为是“过去 100 年里最重要的法律哲学家之一，而且很可能是最重要的。”[159] 德沃金在去世之前已经完成了一本新书《没有上帝的宗教》的书稿，

---

[155] Bellah, Religion in Human Evolution, 567.

[156] Midgley, Evolution as a Religion, 70-71.

[157] Dworkin, Religion Without God.

[158] Administrator of the White House Office of Information and Regulatory Affairs.

[159] Cass Sunstein, https://www.bloomberg.com/news/articles/2013-02-15/the-most-important-legal-philosopher-of-our-time.

但尚未出版。在他去世之后不久，《纽约书评》期刊发布了该书稿的部分内容，其中谈及了达尔文的进化论，其写作背景就是，在21世纪早期，人们越来越质疑达尔文主义的科学性及其对人们的价值观的影响，而且这些质疑之声在很多场合都能听到。

美国佛罗里达大学教授迈克尔·鲁斯（Michael Ruse）是一名科学哲学家，专门研究生物哲学。他在2009年的时候为美国科学院年会写了一篇文章，回顾了达尔文主义在过去150年的发展史。他说：从达尔文于1859年发表《物种起源》直到20世纪30年代的这段时间里，进化论是一种“大众科学”，虽然也有一些专业的演化生物学研究，但是，总体而言，进化论只是一种“博物馆科学”，通过展示恐龙以及其他史前生物的化石，获得了广泛的公众关注度和影响。鲁斯写道：在那个时候，那些以进化论为题的作家们往往把“进化论是否经得起推敲”这个问题放在第二位，甚至完全不去谈及。[160]而且，当时的一些人或团体还利用进化论来宣传自己的意识形态（比如德国纳粹），他们的逻辑是，既然“物竞天择、适者生存”的进化论是关于自然界的普遍真理，那么这个理论当然也适用于人类。

实际上，在《物种起源》发表之前，人们就已经有了一些与进化有关的知识。鲁斯

[160] Ruse, “The Darwinian Revolution”, 292.

说，人们那时候已经知道“同源”（也就是生物有机体之所以具有某些共同特征，是因为来自共同的祖先）是个什么概念，已经有了一些化石，胚胎学也已经得到了一定发展，等等。但是，那时候人们还没有形成关于生物进化的整体概念。在《物种起源》发表之后，演化学家按说应该运用科学方法去进一步验证达尔文提出的理论，但是，恰恰相反，他们只是从常识的角度迅速接受了这个理论，认为人类就是按照达尔文所说的进化路线，从低级到高级逐步进化到现在这个样子的。[161]

根据达尔文的原始理论，地球上的生物进化史包括了很多过渡阶段，在这些过渡阶段里，很多旧物种消失，新物种出现，虽然这些过程是非常缓慢的，但是地球上最高级生物的复杂程度因此越来越高，从而最终导致了地球上有史以来最复杂的生物器官（也就是现代人的大脑）的出现。但是，生物历史上这些过渡阶段到底是如何发生的？导致生物进化的科学机制到底是什么？令人惊讶的是，达尔文的原始理论对于这个问题的解释是非常模糊的。

当时，达尔文只是比较笼统地说，生物进化的基础是自然选择，也就是说生物进化是一个竞争过程，优胜劣汰，适者生存。芝加哥大学的演化遗传学家考恩是达尔文主义

[161] Ruse, “The Darwinian Revolution” , 292.

的大力支持者，他最近是这样解释这个竞争过程的：“如果一个物种内部的个体之间存在基因差异，而且其中的某些基因差异意味着它们的生存和繁殖能力是不同的，那么，到了它们的下一代，那些‘好’的基因将因为母体的生存和繁殖能力强而比那些‘不太好’的基因得到更多的复制。”比如，猛犸象曾经生活在北方的寒冷环境里（而不是像非洲象那样生活在温暖环境里），所以需要大量的毛来保护自己。考恩解释说，在进化过程中，毛多的猛犸象比毛少的猛犸象留下更多的后代，因此，下一代猛犸象比上一代的平均毛发要多一些。这种过程如果经过几千代，那么最开始没有毛发的猛犸象最终会变得多毛。如果把这个基本理论推广到所有生物，那么，自然选择就可以在亿万年的时间里造就出看上去像是设计出来的动物和植物，它们能够完美地适应周围的物理和生物环境。[162]

但是，考恩所描述的这种自然选择过程有一个很大的问题是，在达尔文提出这个理论的时候，还没有什么化石记录来支持它，时至今日，仍然没有多少化石记录支持这个观点。前文已经谈到，新物种似乎经常是突然就出现了，而旧的物种会继续存在并与新物种并存，这种情况很难用达尔文的自然选择理论去解释。在一个物种内部，往往所有个体拥有共同的领地，并且自由杂交，所以，即便某些个体拥有更优良的基因或更强的

[162] Coyne, Why Evolution is True, 11.

环境适应力，这些个体如何保证在繁殖的时候只与同它们一样有着优良基因的个体杂交？人类在培育动物（比如狗、马、牛以及其他家畜）的时候，可以用人工手段把拥有某种优良基因的个体隔离起来，以便让这种基因得到繁殖。但是，在地球的自然历史中，生物能够做到类似的“自我隔离”吗？前文讲到，迈尔以及其他一些新达尔文主义者曾经提出一个假说，认为某些生物进化是在与外界隔绝的地理环境中完成的，但是，这个理论并没有任何实证支持。

自然界的动物能否像这些纯种狗那样只与有着优良基因的个体杂交？（插图来源：Thinkstockphotos）

诸如此类的问题意味着，达尔文关于物种起源的理论只是一个没有得到证实的假说。从严谨的科学角度去看，只要这个假说没有得到足够的化石证据支持，我们就无法把它奉为真理。设想一下当年牛顿提出太阳系的万有引力理论时，假如人们并没有足够的关于行星运动的数据来验证他这个新理论，那么人们是否还会马上将牛顿奉为伟大的科学天才？答案是显而易见的。然而，在 19 世纪晚期，达尔文的进化论一经出现，马上就在西方世界得到了迅速传播。

不过，鲁斯写道：即便是在 19 世纪晚期，严谨的学者们也提出了很多质疑。当时，在《物种起源》发表之后，达尔文的自然进化理论在很多年里被广泛认为是真理，这其实反映了他的进化论与当时的宗教解释（也就是上帝创世论）相比有一个很大优势，那就是，当时已经发现了一些化石，这为进化论提供了支持。但是，达尔文提出的自然选择机制则是另外一回事。那时候，虽然没有学者否认人是进化来的，但是在严谨的学者当中，很少有人深信不疑地认为自然选择会像达尔文说的那样神奇。因此，虽然人们成批地成为达尔文的拥趸，但那主要是因为人们相信“人是进化来的”。实际上，真正信奉自然选择理论的人是有限的。在达尔文之后，最有声望的生物学家阿尔弗雷德·华莱士（Alfred Wallace，1823—1913）从 19 世纪 60 年代开始就拒绝把自然选择理论应用于人类。

阿尔弗雷德·华莱士（插图来源：Thinkstockphotos）

到了 20 世纪三四十年代，演化生物学的研究转向了新的方向。当时的演化生物学家在开展研究的时候利用了著名遗传学家孟德尔等在人口遗传学方面的发现，使用了更为复杂的数学模型方法，他们希望通过这样的研究解决人们对于达尔文理论的某些质疑，但是，这些人的新达尔文主义继续受到很多科学家的质疑，比如前面提到的古尔德、马古利斯等。达尔文主义的巨大影响力是毋庸置疑的，但是，影响力大是一回事，是否符合科学则是另外一回事。

大自然这本书

芝加哥大学的科学史学家罗伯特·理查兹（Robert Richards）在写给美国科学院2009年年会的一篇论文中，提出了一个有争议的看法。他指出：达尔文虽然提出了自然选择的进化机制，但实际上他的思想在某种程度上有些类似于约翰尼斯·开普勒(Johannes Kepler, 1571—1630)、伽利略以及牛顿等对于大自然的看法，也就是，他认为是某种神奇的力量造就了大自然。[163] 达尔文在《物种起源》中就曾经这样写过："大自然的作品，明显像是被比我们高级得多的工匠设计出来的。"[164]

理查兹在详尽研究了达尔文的个人日记以及很多其他不为人熟悉的文章之后，得出结论说，达尔文本人实际上只是把他认为的"自然选择机制"看成是一种让世界不断从低级向高级发展的手段。用一个术语来说，理查兹认为达尔文是一个"目的论"者，即自然进化的发展有一个目的，那就是从低级到高级，直到出现了人类这种具有高度智慧的生命。

---

[163] Richards, "Darwin's Place in the History of Thought", 335-336, 341.

[164] Darwin, quoted in Richards, "Darwin's Place in the History of Thought", 336.

前文已经解释过，“目的论”认为凡事皆有其目的性，比如，亚里士多德有一个著名例子是，橡子的目的就是成为一颗橡树。过分强调目的，容易导致迷信，比如，“我要是今天不来这里，就不会碰到这个让我心动的女孩，这是老天爷赐予我的缘分，也就是说，老天爷让我来到这里，就是为了让我遇到这个女孩。”在人类进化问题上，世界著名哲学家、美国纽约大学教授托马斯·内格尔（Thomas Nagel）就是一个目的论者，他认为，人类的进化可能没有我们想得那么简单，而是有深奥得多的自然规律包含在里面。他有一个匪夷所思的看法是：大自然有可能提前就设定好了这样的进化路线，也就是说，世界存在的目的可能就是为了让像人类这样有智慧的生命出现（下一章将进一步解释内格尔的观点）。

从人类目前还非常有限的认识水平来看，任何关于人类进化的理论，都只能算是假说，而不可能是定论，不过，理查兹所说的达尔文对于大自然的敬畏，应该可以让多数人产生共鸣。很多生物学家在描述他们的户外研究工作时，都会不由自主地对大自然的美丽和精妙感到不可思议。加利福尼亚州立大学蒙特雷湾分校地球系统科学与政策系的戴维·塔卡克斯(David Takacs)在1996年的《生物多样性的想法》一书中写道，从事自然保护工作的生物学家，当置身于大自然，被生物多样性所包围的时候，几乎都会情不自禁地感叹："我们怎么可能没有敬畏之心？"[165] 这种感叹，就类似于最后一个登上月球的人、美国宇航员尤金·塞尔南 (Eugene Cernan, 1934—2017) 在 2007 年的纪录片《在月球的影子里》[166] 中所描述的他站在荒芜但肃穆的月球表面上时的内心感受："（似乎这个世界的）一切皆有目的，皆有逻辑。"

从月球看地球（插图来源：Thinkstockphotos）

[165] Takacs. The Idea of Biodiversity, 266-267.

[166] In the Shadow of the Moon.

第四章　人的意识是怎么回事？

传说宋代文学家苏东坡有位名叫佛印的高僧朋友，一天，苏东坡突发奇想，要开这位好朋友的玩笑。他问佛印：“在你眼中，我像什么？”佛印说：“在我眼中，居士像佛祖。”苏东坡又问：“那你知道在我眼中你像什么吗？”佛印老实答道：“我不知道。”苏东坡说：“在我眼中，你像一堆牛屎。”苏东坡得意地回到家中，把这件事说给了他那聪明绝顶的妹妹苏小妹，并说：“我以前盘道老输给佛印，这次总算挣回了点面子。”苏小妹听了皱皱眉，对哥哥说：“这次你又输了。一个人心里有佛，他看别的东西就都有佛的影子。一个人要是心里装着牛屎，什么东西在他眼中都像牛屎。”

这当然只是个流传的故事，但反映了意识在人们心目中的重要性。虽然“心中有佛，所见皆佛”这种境界普通人无法达到，但在日常生活中，很少有人会完全否认意识的作用。比如，我们有时向病人隐瞒病情，以免他精神崩溃。再如，在外打工的儿子有了坏消息，不让年迈的父母知道，因为怕他们担心，对身体不好。

意识是个神奇的东西，它明明存在，但看不见摸不着，而且不同的人对同一个物体或同一件事的认识不可能完全相同。那么，人的意识是如何产生的？它又如何影响人的行为？

千百年来，哲学家和科学家一直在研究意识，但始终无法给出一个有说服力的解释。

在20世纪的大多数时间里，意识这个问题被有意或无意地忽视了，主要就是因为它太难解释了。但是，自从70年代以来，这个问题重新引起了科学界的重视，并且现在已经成为人类科学探索的一个重点领域。

神奇的安慰剂

意识在某些时候可以产生神奇的作用。一个已经得到科学证实的真实例子是“安慰剂效应”。

药物研究机构在把新药推向市场之前，都要首先对新药进行测试，只有测试通过，才能得到药物管理部门的批准。他们经常使用的一个方法是找来两组人进行对比试验，其中，让第一组人服用要测试的药，也就是“试验药物”，而让第二组人服用“安慰剂”，也就是一种假的模拟药物，其外观、大小、颜色、重量、味道和气味等都与试验药物相同，但是不含试验药物的有效成分，也不会对人的大脑和身体产生化学影响。当然，第二组人并不知道自己服用的是安慰剂，而是以为自己服用的也是试验药物。研究人员之所以这么做，是为了对两组人员的服用效果进行对比。如果试验药物是有效的，那么第一组人的疾病治愈率应该显著高于第二组以及那些没有参与试验的人的治愈率。

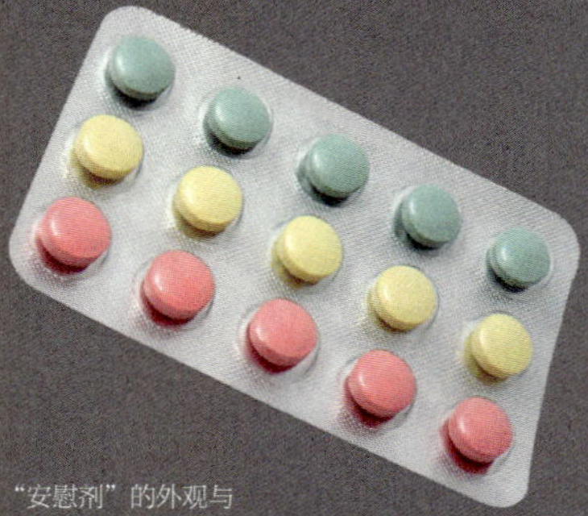

“安慰剂”的外观与
真正的药物完全相同
（插图来源：Thinkstockphotos）

令人惊讶的是，不论是服用了试验药物的人还是服用了安慰剂的人，其抗病结果都显著高于那些什么也不服用的人。也就是说，尽管安慰剂本身不是药物，但令人感到不可思议的是，它对于服用者也有疗效。

在药物研制人员眼里，这是件令人非常沮丧的事情。他们辛辛苦苦研制出了新药，现在希望通过对比试验来看看这个新药是不是管用，但是，如果参与测试的每个人（不论是服用了真的试验药物还是安慰剂）都有健康状况的改善，那就会导致无法判断试验药物的效果。德国图宾根大学的心理学家保罗·恩科 (Paul Enck) 等在《神经元》期刊上撰文说："在基础医学研究特别是临床研究中，安慰剂效应经常被认为是件令人讨厌的事，"因为它经常让研究人员在评价试验结果时感到糊涂。[167]

最新的科学证据表明，不论是"安慰剂效应"还是"反安慰剂效应"（也就是与安慰剂效应相反的效应，即如果病人不相信治疗有效，就会使病情恶化），都是由于病人心理上对于康复的期望或条件反射[168]导致了大脑的高度活跃。[169]"安慰剂效应"体现

[167] Enck, Benedetti and Schedlowski, "New Insights into Placebo and Nacebo Responses", 195.

[168] 关于条件反射带来的效应，著名的例子是巴甫洛夫的狗实验：每次给狗食物之前都发出铃声，经多次反复后，每当铃声一响，狗就会自动分泌唾液，原因是狗已经学习到将铃声及食物关联起来。安慰剂之所以产生与试验药物相似的效果，病人的条件反射可能是原因之一。

[169] Enck, Benedetti and Schedlowski, "New Insights into Placebo and Nacebo Responses", 195.

在几乎所有疾病的治疗测试上，但是在心理疾病的治疗测试上尤其明显。有一项抗抑郁症的研究结果表明，在减轻患者的抑郁症状方面，安慰剂的实际效应相当于真正药物的82%。[170]

有人可能会半开玩笑地说，既然如此，那么医生是不是可以在给病人治疗时给他们安慰剂但告诉他们那就是真正的药物？抛开这么做可能带来的伦理问题不谈，安慰剂与真正药物的效果在某些时候确实没多大差别，而且成本更低，又没有副作用。如果现在的医生真这么做，那么我们就可以把他们称为现代版的“巫师”（我们不难想到，过去的巫师虽然没有多少真正的医术，但应该确实起到了积极作用，因为他们给患者带来的心理作用应该是非常有益的）。

在美国，药物管理规定中有一个令人尴尬的地方：如果某种药物与安慰剂相比在试验结果上没有显著差异，[171] 那么医学结论就是既不给病人使用这种药物也不给病人使用安慰剂（当然了，如果试验药物与安慰剂相比没有显著差异，那么各国的药物管理部门很可能根本就不会批准这些试验药物）。然而，这对病人很可能是不利的，因为实际情

[170] Angell, “The Epidemic of Mental Illness: Why ?”

[171] 这里指的是统计学意义上的差异。

况是，不论给病人吃安慰剂还是没有医学效应的实际药物（只要没有副作用），对病人来讲都是有好处的。

由于这个令人尴尬的原因，所以医学界人士经常干脆对这个令人极其困惑的问题避而不谈。不过，著名的《经济学人》期刊最近专门提出了“替代药物”（也就是可以起到作用的安慰剂）的问题，其中说道：根据我们已知的医学知识去判断，很多替代药物中并不含有有效的化学成分，但实际使用效果是对病人确实有好处。该期刊提出了这样一个疑问：“显然，替代药物能够发挥主流医学发挥不了的作用，这是怎么回事？”[172]

安慰剂在药物试验中的效果已经明确无误地说明：如果一个人相信某种药物是有效的，那么他的这种意识本身就能产生好的治疗效果。这个现象让科学家很是不解。一方面，上面提到的那些试验都是根据科学标准设计出来的，结果表明安慰剂对于病人的身体和心理的作用是可信的、明白无误的[173]。但是，另一方面，从科学唯物主义的角度去看（这也是目前医学界的主流观点），安慰剂效应不是“真实”的，因为医学无法解释这个现象（实验人员在选择安慰剂的时候都特地挑选那些不会产生化学作用的）。科学家

---

[172] “There Is No Alternative”, 16.

[173] 用专业术语说就是“在统计学上是有意义的”。

只是知道人的意识能够影响到大脑神经系统的变化，而且神经学家甚至可以测量到这些变化，不过，仅此而已，而意识的具体作用机理对科学家来说是个大大的谜。

2015 年的时候，美国的《华盛顿邮报》还报道了另外一个类似的真实例子。在西方国家，很多人对于环保问题极其重视，或者说，他们有环保方面的“信仰”。挪威一个大学的研究团队做了这样一个实验：参加实验的所有学生被要求完成一个手工作品，该任务需要学生在白炽灯下以较高的专注度完成，每个学生面前都有一盏同样的白炽灯，但是，有些学生的白炽灯上有“生态友好”标签，而另外一些学生的没有。结果是，尽管所有学生的白炽灯都完全一样，但是那些在标有“生态友好”的白炽灯下干活的学生的工作质量比其他在无标签灯下干活的学生的要好得多。研究人员在《环境心理学刊》上发表了这个实验的研究报告，并叹道：“那些在无标签灯下工作的学生，比那些在贴有‘生态友好’标签的灯下工作的学生所犯的错误，要多得多。”[174]

[174] Mooney, “Study Finds Placebo Effect in Eco-Labeling” .

一丁点儿线索也没有

“安慰剂效应”这种现象应该如何解释？人的意识到底是如何影响到人的行为的？意识又是如何产生的？

就人类目前的认识水平来看，这个问题不仅普通人回答不了，而且就连世界上最顶尖的科学家也感叹毫无头绪。伟大的物理学家玻尔曾经说过，意识问题可能超出了科学方法能够解答的范畴。[175] 著名哲学家路德维希·维特根斯坦（Ludwig Wittgenstein，1889—1951）认为，在意识与大脑活动之间有一个无法逾越的鸿沟，无法用常理去理解两者之间的相互联系。[176]

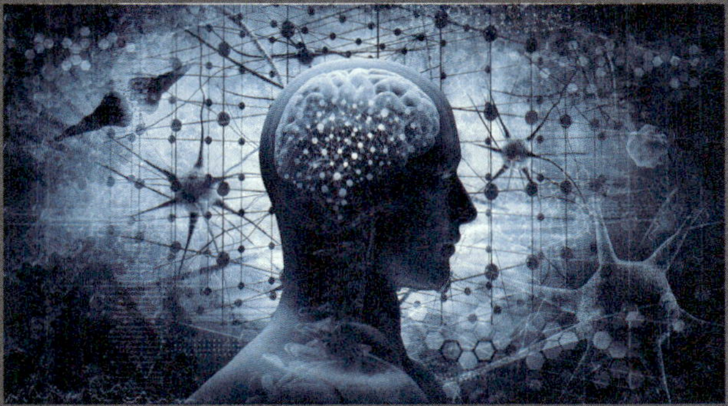

人的意识到底是怎么回事？（插图来源：Thinkstockphotos）

[175] Bohr, The Philosophical Writings of Niels Bohr, 91.

[176] Wittgenstein, Philosophical Investigations, quoted in McGinn, Consciousness and its Objects, 65.

在 20 世纪 90 年代初的时候，哈佛大学在时任校长尼尔·卢登斯丁 (Neil Rudenstine) 的领导下，围绕五个主题建立了五个跨学科工作组，其中每个主题都是具有重大社会影响并且有可能做出成果的领域。其中的一个主题就是“意识、大脑和行为”，也就是研究大脑是如何产生意识的。

到了 1994 年的时候，《哈佛期刊》[177] 的一位记者对这个工作组的成员进行了采访，请他们介绍一下研究进展。该工作组的成员评论说，在之前的几十年里，神经科学领域的研究取得了重大进展，使得人类对于大脑工作机制的认识有了长足进步。然而，大脑是这个世界上已知的“最复杂的器官”，包括数千亿个神经元，其中每个神经元都与至少几百个其他神经元相连接，这些神经元以某种方式相互协作，让我们的每个动作、每个感觉、每个情感以及每个思想成为可能。[178]

哈佛大学的神经科学家们已经发现，人类意识中发生的活动，与大脑某些具体部位的神经活动有关，通过研究可以更好地认识它们之间的这种关联。但是，他们同时承认：对于“大脑中的化学信号是如何引发思想和感觉的”这个问题，他们几乎一无所知。

---

[177] Harvard Magazine.

[178] Cuevas, “Mind, Brain and Behavior”, 39.

他们认为，爱、恨、喜悦、失望等意识现象“应该”是神经细胞来回传递分子的结果。不过，这并不是他们的一个“科学”判断，而只是他们从唯物主义世界观出发做出的一个推测。他们承认：人类意识的发生机制是个彻彻底底的谜。某些研究人员甚至悲观地认为，“可能永远也没有人能搞懂”。[179]

英国当代心理学家苏珊·布莱克莫尔 (Susan Blackmore) 在 2005 年的《意识》一书中谈道：科学界对于人类意识问题的研究兴趣越来越浓厚，然而，在哈佛大学的研究团队成立之后的多年里，这方面的研究几乎没有什么大的成果，在物理世界和意识世界这两者之间仍然横亘着一个“巨大的鸿沟”，或者说是一个“无底的深渊”。尽管神经科学家开展了大量研究，而且哲学家也重新对这个问题感兴趣，但是，到目前为止，“这个谜团并未消失，而且其神秘程度与以前一样。”[180] 布莱克莫尔在总结科学界在探索这个问题时遇到的挑战时是这样说的：“意识是什么？这听上去是一个简单问题，但其实不是。意识是一个最常见但又最难理解的东西。哲学家和科学家在意识问题上已经研究了上千年，而且，科学家曾经长期拒绝研究它（因为似乎任何科学方法在这个问题面前

[179] Cuevas, “Mind, Brain and Behavior”, 36.

[180] Blackmore, Consciousness, 1-2.

都无能为力）。”[181]

美国北卡罗来纳大学心理学教授巴克莱・马丁 (Barclay Martin) 在 2011 年的时候直言不讳地说：“关于神经元到底是如何产生意识的，没有人有哪怕一丁点儿的线索。”美国加利福尼亚大学伯克利分校的著名哲学家约翰・塞尔（John Searle）持有同样的观点，他说：“尽管我们知道意识是由大脑活动引起的，但是，神经元到底是如何产生意识的？这仍然是一个谜。”[182] 20 世纪杰出的物理学家弗里曼・戴森（Freeman Dyson）认为：生命的起源完全是个谜，人类意识的存在也完全是个谜，我们不知道大脑里神经细胞放的电是如何与我们的感觉、欲望以及行为相联系的。[183] 美国哲学家福多在 1992 年的时候也评论说：在这个问题上，没有人有任何线索。[184]

---

[181] Blackmore, Consciousness, 1-2.

[182] Martin, “The Mystery of Consciousness, Con't ”; with Searle reply, “The Mystery of Consciousness, Con't ”.

[183] Dyson, “How We Know”, 10.

[184] Fodor, “The Big Idea” , 5.

做只蝙蝠是什么感觉？

内格尔是美国纽约大学的哲学和法学荣誉教授，是 20 世纪后半叶世界上最著名的哲学家之一。他在 1974 年的时候发表了一篇论文《做只蝙蝠是什么感觉》，在西方学界掀起了轩然大波。

他在这篇文章中说道：即使我们将来在神经学和其他相关学科上取得惊人进展，并且完全了解了蝙蝠大脑的工作机制，也永远不可能知道做只蝙蝠是什么感觉，比如蝙蝠在用超声波定位方法飞翔时脑子里在想什么，换句话说，"蝙蝠的意识"将永远超出人类的理解力。[185]

做只蝙蝠是什么感觉？
（插图来源：Thinkstockphotos）

[185] Nagel, "What is it Like to Be a Bat？"

内格尔提出的这个问题，很像《庄子·秋水》中那句著名的“子非鱼，安知鱼之乐。”庄子和朋友惠施出游，在濠水的一座桥梁上交谈。庄子看着水里的鱼跃出，说：“鲦鱼悠然自得，这是鱼的快乐啊。”惠子说：“你不是鱼，怎么知道鱼的快乐呢？”庄子说：“你不是我，怎么知道我不知道鱼的快乐呢？”惠子说：“我不是你，本来就不知道你；你本来就不是鱼，你不知道鱼儿的快乐，也是完全可以断定的。”

内格尔在发表了这篇文章之后，又陆续在很多其他文章和书里谈到了意识在科学上的神秘性。2012 年的时候，内格尔在《意识与宇宙》一书中总结了他对于意识问题的最新看法。他指出：意识并非只与大脑以及人的行为有关，而是一定还与非物质因素有关，过去，很多哲学家和心理学家试图用科学方法去解释意识问题，但都无法自圆其说，如果他们将来继续沿用这种思路去解释意识问题，那么永远也无法成功，这是因为，用一些看得见摸得着的原因去解释没有时间和空间维度的意识，注定要失败。[186]

他这样写道：“我相信，要想真正认识到意识问题到底有多难解释，就必须首先改变我们的传统观念，也就是不能想当然地认为物理科学可以解释自然界的一切问题。”[187]

[186] Nagel, Mind and Cosmos, 1-2.

[187] Nagel, Mind and Cosmos, 1-2.

作为一个著名哲学家，内格尔当然完全清楚神经科学家们近些年来在认知科学领域取得的巨大进展，比如，一个人如果经历了一个事件，他大脑中某些区域的神经活动会出现相应变化，再如，一个人陷入深度焦虑时，神经科学家可以测量出他大脑中某些部分的神经活动的加剧。但是，内格尔指出：正如人类永远也无法知道做只蝙蝠是怎样的主观体验一样，无论神经科学如何发达，我们永远也不可能解开人的意识这个谜团。[188]

内格尔认为，鉴于科学无法解释人类意识，所以人们必须放弃那种认为“科学可以解释一切问题”的思想。他强调说：意识与身体的相互作用问题很可能将是一个彻底的科学之谜，我们不仅不可能理解我们的意识是如何指挥我们的身体的，而且也不可能理解自然界的物理事件是如何让我们产生主观体验的。

与内格尔有相同观点的还有不少人。杰出的神经科学家约翰·埃克尔斯（John Eccles，1903—1997）就是其中的一个，他因为大脑研究方面的突出成就而在 1963 年获得了诺贝尔生理或医学奖。他认为，人的意识是一个单独的存在，即使是单从概念上来说，科学也无法解释大脑是如何产生意识的。他在 1989 年的一本书中写道：意识是一个无法解释的另类问题。[189]

---

[188] Nagel, Mind and Cosmos, 40.

[189] Eccles, Evolution of the Brain, 176, 218.

我们都是僵尸吗？

内格尔的上述观点是对传统的科学唯物主义世界观的极大挑战，因为如果真如他所说，科学无法解释意识问题，那么人们不仅会对传统的科学唯物主义产生疑问，而且会自然而然地想到一些非科学的解释，比如有神论。

补充一点。某些中国读者可能认为，美国有那么多基督徒，所以一定是个有神论占主导地位的国家。其实并非如此，人们周末带孩子去教堂是一回事，但一旦涉及科学研究，则完全是另外一回事。在20世纪的西方学界，唯物主义一直都是主流意识形态。[190]

内格尔的观点引起了西方学界的高度关注，也引发了一场关于意识问题的旷日持久的辩论，很多著名哲学家和科学家都参与其中。

为了应对内格尔的这个挑战，不少哲学家提出了这样一个基本观点：意识不是一种真实的客观存在。他们认为，虽然引发意识的“大脑活动”是一种真实的客观存在，但是“意识”只是个虚幻的东西。

只要这个说法成立，那么人们自然也就无法用意识问题去质疑科学唯物主义了。

[190] Feser, Philosophy of Mind, 49.

持有这个观点的代表人物是丹尼特（第三章已经提到），他是当今著名的哲学家和认知科学家。他在 1991 年的时候出了一本非常有名但极富争议的著作《意识的解释》，[191] 其基本结论是：人的意识不仅不是一个真实的客观存在，而且根本就不存在。不仅如此，丹尼特在这本书中清楚无误地说：人实际上就是“僵尸”，我们每个人都是“僵尸”。

先说说“僵尸”这个概念。我们在电影或游戏里看到的僵尸，通常指的是靠巫术起死回生的丧尸、迟钝无生气的人或动作呆板而不动脑筋的人。而丹尼特所说的僵尸，是哲学意义上的，它虽然与我们在电影或游戏里看到的僵尸不完全相同，但本质上是类似的，指的是在所有物理方面都与你我无异，但完全没有主观意识的人。说得再简单一点，哲学意义上的僵尸实际上就是一种没有主观意识的“机器”。那么，丹尼特是如何得出这样一个听上去如此不可思议的结论呢？

我们都是僵尸吗？

（插图来源：Thinkstockphotos）

[191] 该书的中文版由北京理工大学出版社在 2008 年出版。

在《意识的解释》的开头，他这样写道："意识这个问题让我们（科学唯物主义者）陷入了一个可怕的泥潭，即使是最成熟的思想家一旦谈到意识问题也经常张口结舌、一头雾水。"不过，他表示，他将在这本书里解决这个难题。但是，他马上又提醒道：某些读者未必能够接受他的观点，因为他要说的，与人们对于意识的通常看法很不一样。但是，他希望自己能够帮助某些读者放弃错误的观念和天真的想法，从而摆脱神秘主义，并接受基本的科学知识。[192]

《意识的解释》一共 468 页。[193] 其中，丹尼特在前 2/3 的篇幅里介绍了关于大脑运行的很多有趣细节。比如，他专门讲述了一种奇妙的"盲视"现象：有的人虽然有着完好的眼睛，但由于大脑里面负责处理视觉信息的那个部分损坏了，所以导致他们认为自己什么也看不见。但是，他们经常能够以令人惊讶的准确度对周围物体进行定位。显然，是他们的眼睛将这些数据传到了脑子里，所以，尽管这些信息并没有在他的意识中形成视觉影像，但是大脑仍然可以用某种方式处理这些信息，因此，他们尽管没有有意识地去看，但是也能够"看到"。

[192] Dennett, Consciousness Explained, 22.

[193] 这里指的是英文版。

丹尼特文笔优美，行文妙趣横生，并且在这本书中展示了他渊博的知识。但是，他直到大约 350 页的时候才终于提出他要讨论的核心问题：到底什么是人的意识？在面对同一个物体或事情时，每个人的主观感受和体验都不一样，我们应该如何看待这些主观感受和体验？

有必要解释一个术语。哲学家在讨论意识问题时，经常把人的主观感受的质性特征称为“感受性”。比如说，同一个颜色，有人可能把它看成是红，而有人可能把它看成是紫，这就是每个人的“感受性”不同。

丹尼特解释说：人的主观感受看不见摸不着，一个人根本没有办法去验证另外一个人的主观感受。当另外一个人说出他的感官印象或抽象想法时，我既没有测量仪器也没有其他方法去验证一下他说得对不对。我能够做的，只不过是把他的讲述与我自己的主观体验进行比对，如果两者相对吻合，那我就可以得出结论说：我们两人所见略同。

不过，很可能存在这样的情况：两个人在意识里对于某个东西的主观感知很不一样，但是他们在描述这个东西的时候使用了相同的语言。比如，虽然我和他两个人都用同一词汇描述某个东西的颜色，但实际上这个东西在我眼里和在他眼里的颜色很不一样。不过，尽管我们对于颜色的主观感知不同，但这并没有产生实际影响，因为我们两人对于这个颜色的行为反应是完全一样的。丹尼特认为，一个人永远也无法确切知道另外一个人的意识里发生了什么事，所以我们也就不可能知道两个人对于颜色的主观感知到底有什么不同，因此，纠结于这个问题也就没有意义。我们能够做的，只是通过我们的感官去观察他们的身体反应，包括他们的口头叙述。

丹尼特因此得出结论说："感受性"是无稽之谈，我们没有必要去讨论人的意识里发生了什么事情，因为实在是没有什么可讨论的。

让我换个更简单的方式来解释丹尼特的这个结论。他认为，任何"真正"的东西都应该在时间和空间维度上可以观察和测量。比如，假设有人说有一个东西 X，但是，如果我们无法通过仪器或任何其他方法直接或间接地探测到它的存在，而且世界也不会因为这个东西的存在或不存在而受到丝毫影响，那么，我们就可以说，X 这个东西并不存在。

丹尼特承认每个人确实都有自己的主观想法，但是他说：你的主观想法只存在于你的意识这个"虚幻世界"中，那只是个虚幻的木偶世界而已，因为它完全被你的大脑所控制，你的所思和所想都是由大脑神经元的活动引起的，因此，大脑才是产生意识的"真实世界"。说得简单一点，人的主观意识并不是个真实的存在，也就是说，人就是个没有主观意识的机器，也就是"僵尸"。

为了防止读者在阅读时错过他得出的“人就是僵尸”这个重要结论，丹尼特在书中特意做了这样的强调：“僵尸可能存在吗？不仅有可能，而且他们实实在在地存在着。我们每个人都是僵尸，没有人有主观意识。”[194]他说：“我们如果不把自己看成是僵尸，就会陷入神秘或魔幻的自我欺骗。”

丹尼特的这个解释遭到了很多哲学家的猛烈批评，后文将详述这些批评，不过，这里先简单说说为什么他这个说法听上去不合常理。比如，我现在正在写书，按照丹尼特的说法，我大脑里的意识活动是不存在的，我想出来的内容，并不是来自我的意识活动（因为丹尼特认为意识活动只是一个虚幻的东西），而是来自我的大脑神经元的原子和分子，也就是说，我写什么内容，完全取决于那些原子和分子。显然，这样的解释，普通人很难理解。

那么，作为一个著名哲学家，丹尼特为什么要提出这样一个似乎明显不合常理的观点呢？实际上，他的观点虽然听上去匪夷所思，但背后有一个非常清楚的逻辑。丹尼特担心的是，他只要承认意识这个东西的存在，就不可避免要面对内格尔提出的那个问题，而对于科学唯物主义者来说，内格尔的那个问题目前来说还无法回答。说得再简单一点，

[194] Dennett, Consciousness Explained, 406.

他只要承认意识的存在，就会陷入两难境地，因为他作为一个科学唯物主义者，还不能为意识问题找出一个有说服力的解释。相比之下，他只要断然否定意识的存在，就没有必要正面回答内格尔的那个问题了。

然而，丹尼特虽然在表面上维护了科学唯物主义，却带来了另外一个问题。简单地说，在丹尼特的眼里，每个人都是一个只遵循科学定律运转的“机器”，如果真是这样，那么，如果将来人工智能技术足够发达，我们就完全有可能准确复制人的物理机制，包括人的大脑神经元的活动，也就是说，人的意识是可以复制的。这种观点就类似于第一章讲过的著名未来学家科兹威尔的看法，也就是人类有可能在不久的将来就能用计算机模拟人的大脑，包括人的意识。可是，一个不能不问的问题是，既然存在这样的可能性，那么我们又如何知道我们现在不是生活在别人设计出来的电脑程序中呢？

因为害怕吗？

丹尼特的《意识的解释》一书出版以后，遭到了严谨的科学唯物主义者们的猛烈批评。

有人甚至调侃说，这本书的名字应该改成《忽略意识》或者《把意识解释没了》。在众多的批评者当中，塞尔是有代表性的一位。

塞尔在国际学界是一个赫赫有名的人物。2000 年的时候，他曾经获得著名的“冉尼科德奖”，该奖每年颁给在心灵哲学领域有重大贡献的哲学家或认知科学家（值得一提的是，丹尼特在 2001 年也获得了此奖）。在 2004 年的时候，他获得了美国“国家人文奖章”[195]，这是美国的一项国家级荣誉，旨在奖励在国家人文领域做出突出贡献的个人或组织。在 2006 年的时候，他获得了“心灵与大脑研究奖”[196]，该奖旨在表彰在认知科学领域做出突出贡献的科学家。

在讲述塞尔对丹尼特的批评之前，先顺便介绍一下他在 1980 年的时候曾经使用过的一个著名比方，因为这个比方虽与本部分内容不直接相关，但与前面讨论过的“人工智能”有关。在 20 世纪 70 年代的时候，就已经有人认为，计算机只要拥有了适当的程序，在理论上就可以像人一样地进行认知和理解活动。但是，塞尔用了一个“中文房间”的比方说明人工智能无法代替人类大脑。他说，想象一个只会说英语的人身处一个房间之中，

---

[195] National Humanities Medal.

[196] Mind and Brain Prize.

这个房间除了有个小窗口以外，全部都是封闭的，他随身带着一本写有中文翻译程序的书，房间里还有足够的纸和铅笔。房间外的人把写有中文问题的纸片通过小窗口送入房间，房间中的这个人可以使用他的书来翻译这些问题并在稿纸上用中文回复。虽然他完全不会中文，不能够用中文思考，但因为他拥有一本工具书，就可以让别人以为他懂中文。实际上，电脑就是这样工作的，它们无法真正理解接收到的信息，但可以通过特别的程序来处理信息，从而给人以智能的印象。

现在回到塞尔对丹尼特的批评上。塞尔认为，科学研究应该实事求是，知之为知之，不知为不知，不能为了维护科学唯物主义而对意识这个问题做出想当然的解释。他在 1995 年的时候曾经与丹尼特有过一次书面交流，他在描述这次交流的时候这样写道："让我说得尽可能清楚一点：丹尼特在《意识的解释》一书中认为意识不存在。（大多数人）在第一次听到我这么说的时候，都会认为是我误解他了，但是，他（在给我的回信中）明确地说，我的理解完全正确。"塞尔接着写道："在我看来，他的观点自相矛盾，他本来应该想方设法地尝试着解释意识，却反过来否认了意识的存在。"[197]

塞尔在 1992 年的时候出了一本书《意识再发现》，在这本书中，他重点对 20 世纪

[197] Searle, " 'The Mystery of Consciousness' : An Exchange".

80 年代哲学家和神经科学家们的著作进行了回顾和综述。他这样写道：哲学家和神经科学家们在对意识问题进行思考的时候，经常有一些“怪异”的逻辑。塞尔说道：大多数作者在研究心灵问题时，似乎都认为心灵完全是神经系统作用的结果，是非主观的东西。塞尔说：这些人提出了各种各样的理论，试图把心灵说成是一个独立于意识之外的东西，所以就会像丹尼特那样得出“意识不存在”的结论。[198]

塞尔本人也是科学唯物主义者，在学术界声望极高，因此，他的批评非常有分量。他直言不讳地说，在意识这个问题上，很多观点听上去让人摸不着头脑，而且发表这些观点的很多人都是哲学界受人尊敬的人士（例如丹尼特）。他这样写道：

> 这是个非常令人惊讶的奇观……其中，最让人惊诧的是，在过去 50 年里，关于意识问题的主流哲学观点似乎明显错了。我相信，在当代分析性哲学的诸多领域当中，还没有任何一个其他领域像这个领域一样，有如此多的如此没有说服力的观点。

塞尔提出了这样一个问题：为什么在心灵哲学领域，很多（甚至可以说多数）思想家都一致否认“主观意识是存在的”这样一个再明显不过的事实？

塞尔说，这一定是出于这些哲学家内心的恐惧。[199] 科学唯物主义认为所有客观存在

[198] Searle, The Rediscovery of the Mind, 19-20.

[199] Searle, The Rediscovery of the Mind, 3-4.

的东西都能够用科学进行解释，但是，至少从目前来说，科学无法为意识问题提供一个解释，所以，很多人担心，这会给有神论者提供机会，使他们可以据此宣传这是某种超自然的智慧所为。

塞尔与大多数哲学家一样，是无神论者。他写道：很多哲学家担心，如果他们承认意识的存在，将会导致“二元论”，也就是认为人除了肉体以外还有灵魂。他解释说，过去曾经有一个普遍看法是，世界上除了物理粒子之外，还存在着非物质的灵魂，而且不少持有这种看法的人认为灵魂来源于上帝，时至今天，这种二元论的观点已经逐渐消亡。塞尔说，据他所知，在当今研究意识的有声望的哲学家当中，没有人真的相信有不朽的灵魂存在。

他在 2005 年的一篇文章中写道，尽管意识问题是个巨大的谜，但是他仍然认为，将来随着人的科学理解能力的提高，人类有可能解开这个谜团，尽管这一天距离我们非常遥远。他这样写道：

> 设想我们准确地知道神经生物机制的每个细节以及它们的运行方式，而且我们也准确地知道神经元活动是如何导致人的主观感觉的。再设想我们可以把关于大脑的所有认识用定律的形式准确地表述出来。再设想这些知识可以用于日常的医学用

途，帮助人们克服疼痛、苦难以及精神疾患。当然，我们距离这个理想还有很长的路，而且我们甚至永远也无法达到那样的程度，但是，我认为，对于人脑的彻底认识就应该是那个样子。[200]

不过，即便塞尔描述的这个科研目标得以实现，也还是无法完全解开意识之谜。实际上，到目前为止，神经科学已经取得了相当多的进展。科学家已经认识到了某些意识活动与大脑活动之间的关系。比如，在提高人的记忆力方面，将来可以发明一些物理性药物，准确地作用于大脑的某些特定区域，从而改变人的某些意识活动。虽然目前的神经科学研究还远算不上完善，但是，科学家已经发明了一些药物，可以起到那样的作用。例如，“百忧解”（盐酸氟西汀）就是一种针对成人抑郁症的临床治疗药物，其药理是通过补充提高人体内五羟色胺的浓度来产生快乐感，消除抑郁感。将来，随着科学的进步，科学家将能够发明更多的此类药物，也就是使用化学方式来管理人的意识。但是，即便这些研究将来非常成功，我们恐怕仍然无法完全解释人类意识到底是怎么回事，比如，我现在正在写作，我的逻辑思路到底是如何形成的？我对每个字词的斟酌过程到底是如何发生的？人的这些极其复杂的思维活动是否真的只是由大脑中的分子或原子引起的？

[200] Searle, “What is Consciousness ?”

人的极其复杂的思维活动真的只是由大脑中的分子或原子引起的吗？（插图来源：Thinkstockphotos）

奇思妙想还是奇谈怪论？

1993 年的时候，内格尔为塞尔的《意识再发现》写了一篇书评，题目是“意识胜利了！”[201]

[201] Nagel, “The Mind Wins !”

在这篇书评中，内格尔赞同塞尔在大多数问题上的分析，并称赞塞尔具有“屠龙者”的气概。他之所以这么说，是因为丹尼特等代表着当时哲学界在意识问题上的主流观点，而塞尔非常成功地说明了他们的观点是“无稽之谈”。

与塞尔一样，内格尔也认为：很多哲学家之所以在意识问题上逻辑混乱，主要是因为他们担心一旦承认了意识的存在，就会给二元论提供卷土重来的机会，因此他们才不惜任何代价，极力否认意识的客观存在。内格尔说道：显然，很多哲学家在分析意识问题之前，就已经有了一个先入为主的观念，那就是意识一定是由大脑中的神经元决定的。内格尔认为，正是由于这个先入为主的观念，他们才会得出一些极其奇怪的结论，甚至像丹尼特那样认为意识根本就不存在。

然而，内格尔认为：尽管塞尔对丹尼特等的批评一针见血，但他自己似乎也有一个担心，那就是他害怕别人认为他支持二元论，他尽管批驳了丹尼特等否定意识的做法，但是，他仍然声称，将来通过研究大脑的神经元就可以找到意识问题的答案。内格尔说：塞尔的所想和所说是相互矛盾的，虽然他嘴上说坚决反对二元论，但从他的 1992 年著作里可以看出，他实际上为二元论提供了支持。

内格尔在 2012 年的时候出了一本书《意识与宇宙》，其中重述了一个所谓的“后唯物主义”观点。这个观点他早在 1993 年就曾经在文章中提出了，当时他这样写道：看起来，我们似乎不得不接受的一个事实是，意识问题无法单纯用传统的唯物主义观点去解释，也就是说，意识是大脑的一种内在的主观特性，不可能完全是由神经元活动引起的。他说：如果说我们还有希望找到意识问题的答案，那就需要另辟蹊径，而不是一味遵循我们自 17 世纪以来就一直使用的物理方法。之所以要另辟蹊径，是因为物理学强调客观性，也就是认为研究结果不以研究者本人的意志为转移，但是，在研究意识问题的时候，我们必须摒弃这一点，因为我们要研究的正是人的主观体验。他认为，意识与物质是不可分割的，科学唯物主义要想得到发展，就必须重新认识意识的作用，这也就是所谓的“后唯物主义”。

从传统的唯物主义观点来看，内格尔的这种看法显然是不可接受的。但是，他这个观点不仅得到了一些著名哲学家和量子物理学家的支持（第五章将详细解释），也得到了一些研究细胞和微生物的科学家的认同（第三章已经讲过，他们发现细胞也是有灵性的）。

内格尔本人是无神论者，他坚决反对有神论，比如犹太教或基督教中关于上帝控制着宇宙（包括人类意识）的说法。内格尔比较认可的解释是：宇宙并不完全是一个物质的世界，而是还有一些非物质的存在，正是这些非物质的存在才导致了意识的产生。而且，内格尔认为，宇宙活动可能有一个最终的目的就是为了在进化过程中产生有意识的生物。

说得再简单一点，内格尔认为，大自然有可能提前就设定好了这样的进化路线，也就是说，世界存在的目的可能就是为了让像人类这样有智慧的生命出现。听上去，这种观点十分荒诞和神秘，但是，类似的目的论观点最早可以追溯到亚里士多德，而且，17世纪的伟大哲学家勒内·笛卡儿（René Descartes，1596—1650）和其他一些现代数学和物理的开拓者也持有类似看法。根据我们的传统科学标准，这种观点很难被接受，但是，内格尔认为，除了我们熟悉的那些物理学定律以外，还可能存在着一些“自然目的定律”，决定着宇宙在时间维度上如何发展。”[202]

20 世纪后半叶最著名的理论物理学家之一惠勒也曾经表达过类似观点。第一章已经谈到，宇宙比我们能够想象到的任何精密仪器还要精准，很多人认为这不可能只是个巧合，虽然一些科学家提出了可能存在着很多个宇宙的假说（即“多重宇宙论”），但是惠勒不认同这种假说。他在 1994 年的时候曾经这样写道：“现在越来越多的物理学家和天文

[202] Nagel, Mind and Cosmos, 46, 59, 66, 95.

学家都提出了这样一个打破常规思维的观点，那就是不仅人类在适应宇宙，而且宇宙也在创造了适合人类的条件。”[203] 宇宙的存在很可能有一个终极目的，那就是像人这样有意识和智慧的生物出现。

只能期待另一个牛顿吗？

科林·麦金（Colin McGinn）是当代著名哲学家，曾经先后在伦敦大学学院、牛津大学、罗格斯大学和迈阿密大学任教。他在意识问题上是典型的悲观派，他曾经这样写道：看上去，意识似乎是大脑活动导致的，可是，如此奇妙的事情到底是怎么发生的？大脑是个物质的东西，而意识是个非物质的东西，这两者到底是怎样构成因果关系的？[204]

麦金认为，意识是个解不开的谜，用任何已知的科学方法都无济于事。[205] 他在 1999 年的时候写道："我认为，我们对于意识问题的最新兴趣代表着人类对于自然界的探索

[203] Wheeler, At Home in the Universe, 185-186.
[204] McGinn, "Solving the Philosophical Mind-Body Problem", 56-57.
[205] McGinn, "Solving the Philosophical Mind-Body Problem", 56-57.

的下一个重要阶段。”在谈及这个新阶段的重要性时，麦金把它与 17 世纪之前人类对于物理世界的探索相提并论。[206] 正是由于科学家们在 17 世纪之前的不懈探索，才导致了牛顿等在 17 世纪取得了突破性科学成果，而且，从那个时候开始，唯物主义世界观逐渐成为主流思想。然而，时至今日，唯物主义重新遇到了挑战。麦金这样写道：“意识问题是对唯物主义的威胁。从我们对宇宙的现有认识水平来看，意识就像一个另类。在思考意识问题的时候，那些通常的科学方法都无济于事。从现在开始，我们应该正视自然界中这个我们不能理解的方面。”他认为，目前科学界在意识问题上的意见分歧之大，堪比几百年前关于“地球是圆的还是平的”的那个争论。他说：“我们现在不得不承认，我们即使在最基本的问题上也无法达成一致看法。”[207]

麦金是个无神论者，他同当今多数哲学家和神经科学家一样，不认为意识问题与某种超自然的智慧有关。1989 年的时候，麦金在《心灵》期刊上发表了一篇论文，并在这篇论文的基础上于 2004 年又发表了一篇题为“解开心灵与身体的哲学关系之谜”的文章。[208] 他这样写道：到目前为止，所有试图用科学方法去解释意识的尝试都是失败的，将来，

[206] McGinn, “Can We Ever Understand Consciousness? ”

[207] McGinn, “Can We Ever Understand Consciousness? ”

[208] McGinn, “Can We Solve the Mind-Body Problem? ” McGinn, “Solving the Philosophical Mind-Body Problem” .

要想用传统的科学方法去解释意识，仍然不太可能找到答案。人类要想真正揭开意识之谜，可能需要非常长的时间。但是，他认为，关于意识问题，一定存在着一个科学答案，只不过，那个答案无法用我们现在已经知道的任何科学方法找到。要想找到那个答案，可能需要一个巨大的科学突破，就像 17 世纪牛顿发现万有引力那样。

麦金接着写道：我们在为意识问题寻找科学解释的时候之所以毫无头绪，一个最大问题是，我们现在能够想到的任何科学解释，似乎都不可能站住脚，我们甚至都不知道，意识问题的那个谜底可能会是个什么样子，因为我们就连丝毫的线索都没有。麦金说，这可能会让很多人担心科学唯物主义几乎走进了死胡同。针对这种担心，麦金认为，我们能够做的，就是要相信一定存在一个科学解释，只不过这个科学解释超出了人类目前的认知能力。[209]

在当今哲学界，麦金的这种看法被某些人称为“神秘论”。简单地说，他的观点就是：科学现在无法解释意识问题，而且很可能将来也解释不了，但是，我们要相信，一定存在着某种科学解释。他说，我们现在之所以无法解释意识，是因为我们大脑的能力不够，将来说不定会出现一个牛顿或者爱因斯坦式的人物，帮助我们解开意识之谜。[210]

[209] McGinn, “Solving the Philosophical Mind-Body Problem”, 62, 64.
[210] McGinn, “Solving the Philosophical Mind-Body Problem”, 66-68.

期望将来有人像牛顿解开苹果落地之谜那样解开意识之谜（插图来源：Thinkstockphotos）

麦金在1999年出了一本书《神秘的火焰》，进一步阐释了他的观点。[211] 他在书中对达尔文的进化论也提出了质疑，并提出了这样的疑问："很难想象，到底什么样的过程才能把物质转换成心灵？"他认为，就算是把达尔文的进化论与物理学加起来，也无法回答这个问题，因为"把物质转变成心灵"这件事根本就是不可能的。[212] 他推测说，因为传统的唯物主义无法解释人类意识，所以人的意识很可能是由另外一种意识产生的。他说，只有另外一种意识才有可能创造人类的意识。不过，至于那另外一种意识到底是什么，他坦承自己并不知道。

[211] McGinn, The Mysterious Flame.
[212] McGinn, The Mysterious Flame, 82.

弗洛伊德的影响为何那么大？

在意识领域，20 世纪世界上最有影响力的人恐怕非西格蒙德·弗洛伊德（Sigmund Freud, 1856—1939）莫属。他是奥地利精神病医师、心理学家、精神分析学派创始人。他 1873 年进入维也纳大学医学院学习，1881 年获医学博士学位，1882—1885 年在维也纳综合医院担任医师，从事脑解剖和病理学研究。之后，他私人开业治疗精神疾病。1895 年，他正式提出“精神分析”的概念，并在 1899 年出了《梦的解析》一书。他在 1919 年成立国际精神分析学会，这标志着精神分析学派最终形成。他在 1930 年获得歌德奖，并在 1936 年成为英国皇家学会会员。1938 年，奥地利被德国侵占，他赴英国避难，次年，他于伦敦逝世。[213]

弗洛伊德声称，他作为一名医生，通过科学方法，在研究人类意识方面取得了革命性成果。弗洛伊德经常把他的研究方法与物理学的方法相提并论，他曾经这样写道：我们现在“有条件把心理学建立在科学的基础上。心理学的这个基础与其他任何科学的基础是相似的，比如物理学”。他还曾经这样说过：“在认识人类的意识现象这个方面，

[213] 车文博，西方心理学史，浙江教育出版社，1998。

我们已经发现了填补知识鸿沟的技术方法，而且我们可以像物理学家使用科学实验方法那样去使用这些方法。”[214] 他声称：有了这种新的心理科学之后，关于人类意识的很多谜团终于可以解开了。

弗洛伊德认为自己是达尔文的追随者。他有一个理论是关于人从童年到成年的心理变化，这个理论实际上就是将达尔文的进化论思想移植到人的心理发展上。他认为，人的心灵成长的精髓就是，一个人从童年开始，他的各种意识或潜意识之间就一直相互竞争。这就类似于达尔文所说的进化是一个竞争过程。

弗洛伊德的理论中尽管包含了很多有用的东西，但是他显然夸大了这个理论的重要性。他认为他所创造的精神分析学，可以像物理学解决物理问题那样帮助人们理解意识现象。但是，今天的绝大多数认知科学家都不会同意他这种说法。而且，在过去 30 年里的与意识问题相关的哲学或神经学文献中，弗洛伊德的名字很少被提及。这也从侧面说明，尽管弗洛伊德在大众中间有非常大的影响力，但是从科学家的角度看，他的研究并不具备特别大的价值（从事过学术研究的人都知道，一个人的名字是否经常被其他学者在论文中提及，是衡量这个人的学术水平的重要指标）。在任何时代的任何国家里，都不缺

[214] Freud, quoted in Nagel, Other Minds, 14-15 .

乏因为无知而轻信别人的大众，在当代很多学者的眼里，弗洛伊德的思想在 20 世纪之所以如此流行，代表着当时的大众对于某些经不起推敲的思想的轻信。

说点题外话。大众影响力是一码事，而思想水平是另一码事。比如，目前在我国，最畅销的家庭教育类书籍往往是“成功学”的翻版书，其中很多作者宣传的一个观点是，只要采取了他们所说的正确方法，就没有教育不好的孩子。这当然大大低估了教育问题的复杂性，因为只要稍微思考一下就知道，如果他们建议的那些方法真那么管用，那么人类今后岂不是再也不必为教育问题烦恼了（我在我的另外一本书《教育不能想当然》中，详细谈了教育问题的复杂性以及很多畅销书作者的想当然）？这些书中当然也包含了不少有用的内容，但是其思想水平往往很有限，研究教育问题的严谨学者很少会引用这些教育畅销书的观点，因为它们要么并非原创，要么缺乏检验，要么根本经不起推敲。

回到正题。从 20 世纪末期开始，很多人就对弗洛伊德的理论提出了质疑。内格尔就是其中之一，他曾经在 1998 年写过一篇文章，评价了弗洛伊德在 20 世纪的影响力。[215] 他说：弗洛伊德声称自己搞懂了大脑和意识相互作用的物理机制，但是，他的理论是值得怀疑的。内格尔认为，弗洛伊德把心理学与物理学相提并论，这太言过其实了。物理

[215] Nagel, Other Minds, 15-16，19，24-25.

学家研究的自然现象可以由第三者观察到，并在时间和空间维度上进行测量；而一个人的意识，只能由那个人本人才能直接观察到，并且无法在时间和空间维度上进行测量。

精神分析专家主要根据患者的主观叙述来做出判断（插图来源：Thinkstockphotos）

弗洛伊德在对人进行精神分析的时候，所使用的基本数据都是由患者本人通过主观语言或其他意识交流方式（比如患者写的诗歌）表述出来的东西。内格尔说，这些都是非常主观的东西，不具有物理学数据那样的客观性。心理学远远不是一种像物理学那样的具有高度可信度的科学，而且可能永远也无法达到物理学所具有的那种客观性。

内格尔认为，虽然弗洛伊德声称他的理论是基于大脑内部的物理过程，但那只是一个说辞，实际上，大脑内部的物理过程在他的理论内容中并没有起到什么作用，他用于分析的所有内容其实都是来自意识（和潜意识）的心灵范畴。所以，尽管弗洛伊德一再声称他是唯物主义者，但真实情况是，在他的理论中，精神世界是独立于大脑的物理世界之外的。

既然弗洛伊德的理论在科学上经不起推敲，那么为什么他在 20 世纪具有如此大的影响力？内格尔认为，这应该是因为弗洛伊德是一位出色的对于人类“灵魂”的探索者，契合了普通人对于灵魂的感性认识。在 20 世纪的西方国家里，灵魂被普遍认为是一个“非科学”的概念，带有浓厚的迷信色彩，而弗洛伊德开发了一种新的方式，让人们在 20 世纪继续谈论和思考灵魂问题，而不必使用灵魂这个敏感的词。

那么，什么是灵魂？ 20 世纪最著名的科学哲学家之一卡尔 · 波普尔（Karl Popper,

1902—1994）解释说：古希腊哲学中就已经有“灵魂”这个说法了，它与现在我们所说的“意识”其实是一回事，指的是一种非物质的存在，是对人的主观体验的总称。[216]

2011 年的时候，两位美国学者马克 · 贝克 (Mark Baker) 和斯图尔特 · 戈茨 (Stewart Goetz) 主编了一本书《灵魂假设》。[217] 贝克是一位语言学家和认知科学家，而戈茨是一位哲学家，他们在这本书里解释了为什么人们如此痴迷于讨论灵魂问题。

他们写道：灵魂问题实际上就是个二元论问题。前文已讲，所谓二元论，就是认为身体和灵魂（也就是意识）是分开的、相互独立的。二元论是相对于一元论而言的，比如，前文谈到的丹尼特认为，意识不是一个独立的存在，而完全是由大脑里的神经活动引起的，这就是一种一元论。在人类思想史上，二元论的最著名代表人物恐怕要算法国人笛卡儿，他不仅是西方现代哲学思想的奠基人，被著名哲学家格奥尔格 · 黑格尔（Georg Hegel，1770—1831）称为“近代哲学之父”，而且对现代数学的发展做出了重要贡献，因将几何坐标体系公式化而被认为是解析几何之父。笛卡儿认为，所有物质的东西，都是被统一的物理规律所支配的机器，甚至人的身体也是如此；但他同时又认为，除了物

[216] Popper, “Part I”, 159 .

[217] Baker and Goetz, The Soul Hypothesis.

质世界外，还存在着一个精神世界，而意识就属于精神世界。换句话说，他认为宇宙中有两个不同的世界，即物质世界和精神世界，两者是分离的，相互独立的。[218]

笛卡儿（插图来源：Thinkstockphotos）

[218] 到了 20 世纪，一种新的二元论思想（哲学上称为“性质二元论”，英文是 property dualism）更为常见，认为首先有了真实的物质世界，但是这个物质世界（以一种神秘的方式）使人有了可以产生主观体验的意识，也就是内心（或精神）世界，而内心世界是一个非物质的真实存在。

贝克和戈茨在《灵魂假设》一书中写道：多数普通人都是二元论者。他们有信仰、欲望、目的、快感、疼痛、幸福、痛苦等，这些都是主观意识。当然，人的主观意识与物质世界是相互作用、紧密相关的，比如，外界发生的事情会影响到人的意识的变化，而人的主观意识也可以引起身体的活动。但是，在大多数人看来，意识世界和物理世界似乎确实不同。因此，多数人会认为人是一个复合体，也就是既有一个身体，也有一个灵魂。在世界上的几乎所有文化里，这种二元论思想都很普遍，尽管人的内心世界无法从时空维度上度量，但是多数人认为它是一个真实的存在。

两位作者写道：不仅是普通人，而且历史上的很多著名思想家也是二元论者，如圣奥古斯丁、托马斯·阿奎那（Thomas Aquinas，1225—1274，意大利哲学家）、伽利略、笛卡儿、牛顿、莱布尼茨、约翰·洛克（John Locke，1632—1704，英国哲学家）、伊曼努尔·康德(Immanuel Kant，1724—1804，德国哲学家)等。而且，值得关注的是，近年来，二元论在西方学术界有卷土重来之势。2012 年的时候，美国诺特丹大学出版社出版了一本论文集《后物理主义》，收录了多位当代知名学者的论文。[219] 这本书的主编、剑桥大学研究员本尼迪科特·戈克（Benedikt Gocke）在前言中写道：自从 20 世纪以来，人们

[219] Gocke，After Physicalism.

的普遍看法是，世界上所有的东西都是物质的，人也是个纯物质的存在；但是，近年来，二元论有重新抬头的趋势。这本书所收录的论文从多个方面对二元论进行了阐释，其中，牛津大学的哲学家史蒂芬·普里斯特 (Stephen Priest) 在他的论文中写道：在人类意识的问题上，我们面临着巨大挑战，因为主流哲学家们无法解释人的意识世界为什么会存在。普利斯特认为，要想真正理解意识是怎么回事，就应该认识到，说不定存在着一个无边界的、不变的、非物质的内在空间，也就是灵魂。[220]

容易的问题与难的问题

查尔莫斯是目前人类意识研究领域的一个重要人物，现担任澳大利亚国立大学意识研究中心主任。他作为一名认知科学家和哲学家，最早引起学术界关注是在 1995 年，当时他在《意识研究学刊》上发表了一篇题为“正视意识问题”的论文，在这篇论文的基础上，他在 1996 年又出了一本很有影响力的书《有意识的大脑》。[221] 不过，他后来在 2010 年

[220] Gocke, After Physicalism. 12, 17.

[221] Chalmers, The Conscious Mind .

的一本书中承认，他在 20 世纪 90 年代中期提出的新理论并没有像他预想的那样成功。他在学术界的最大影响并不是他提出的新理论，而是他对于其他人之前所提出的理论的批评和颠覆。他在 1995 年的时候写道：很多哲学家在研究意识问题的时候采用了简单化的方法，很显然，这些方法无法解决意识问题研究中的最难部分。[222]

查尔莫斯对于意识问题有一个非常著名的划分。他把意识研究中的问题分成了两部分：一部分是“容易的问题”；另一部分是“难的问题”。

所谓“容易的问题”，指的是通过认知科学的标准方法就能解释的问题，比如，如果我“看到”了一个物体，那么科学家可以说，那是因为这个物体的光波进入了我的眼睛，通过眼睛传递给大脑，大脑接收到这些神经信息之后，有了进一步的神经反应，最终在大脑中形成对于这个物体的认识。当然，目前，我们只是知道大脑以“某种”方式做到了这些，但还无法准确说出大脑的神经到底是如何实现这些功能的。尽管如此，我们仍然可以比较有信心地说，随着神经科学研究的进一步发展，我们最终应该可以了解其中的具体机制。查尔莫斯认为，要想完全了解大脑到底是如何工作的，我们很可能还需要一至两个世纪的努力研究，但是，我们有理由相信，认知科学和神经科学能够做到这一点。[223]

[222] Chalmers, “Facing Up to the Problem of Consciousness” , 200.

[223] Chalmers, “Facing Up to the Problem of Consciousness” , 200-201.

所谓“难的问题”，指的是那些我们不知道能否最终解决的问题，其中主要包括人的主观体验，比如，对颜色的感知，对光明和黑暗的体验，视野深度的质量、单簧管的音色、卫生球的气味等。查尔莫斯指出，人类目前的科学水平还不可能解释为什么人具有这些能力。他这样写道：“我们到底应该怎样解释人的大脑为什么会产生影像，人为什么会有感情？虽然科学家普遍认为人的主观体验是在物质基础上产生的，但是，主观体验为什么会产生？是怎么产生的？对于这样的问题我们没有好的解释。”查尔莫斯悲观地认为，这可能是一个彻底的科学之谜。他说：“客观地看，物质似乎不应该产生主观体验，但是，实际情况是，主观体验确实产生了。”[224] 有必要指出，查尔莫斯在这里所举的例子都是些最基本的大脑功能，而如果要解释更加复杂的大脑功能，比如人开展高等数学研究的能力，那就更难了。

查尔莫斯详细研究了关于意识的各种各样的具体理论。他发现，这些理论都有着自身的弱点和不足，甚至言过其实，而没有为“意识是从哪里来的”这个最重要问题提出一个有说服力的解释。例如，1972 年的诺贝尔生理或医学奖得主杰拉德·埃德尔曼 (Gerald Edelman，1929—2014) 曾经在 20 世纪 80 年代提出过一个“神经达尔文主义”理论，但是，

[224] Chalmers, “Facing Up to the Problem of Consciousness”, 201.

查尔莫斯指出，这个理论谈得较多的是大脑的功能，而对于“人为什么会有意识”这个问题闭口不提。丹尼特曾经在 1991 年提出过一个“多草稿”理论，尽管他试图用这个理论去解释意识，但是，查尔莫斯指出，这个理论实际上避重就轻，因为它只是探讨了一个“容易的问题”，即某些意识内容的可报告性。美国语言学家、哲学家雷·杰肯多夫（Ray Jackendoff）在 1987 年提出过一个“中级层次”理论，但是，这个理论只是解释了大脑的一些计算程序，杰肯道夫本人也坦承，这个理论并没有解释这些计算程序与意识之间的关系。英国生物学家弗朗西斯·克里克（Francis Crick，1916—2004）在 1953 年与美国分子生物学家詹姆斯·沃森（James Watson）一起发现了 DNA 双螺旋结构，并因为在核酸研究方面的突出成就获得了 1962 年的诺贝尔生理或医学奖，他在研究生涯后期将重点转向了大脑，并与另外一位神经科学家克里斯托弗·科赫 (Christof Koch) 合作，运用神经学方法，对“意识的神经基础”进行了大量研究。但是，查尔莫斯在评价他们的研究成果时说：要想挑战那些“难的问题”，他们的研究策略很显然是不完整的，因为他们的目的只是要搞清楚是大脑的哪些过程导致了人的主观体验，但是，我们还需要回答“为什么”以及“以什么方式”这两个问题，到目前为止，还没有任何神经科学家或其他科学家能够给出答案。查尔莫斯认为，人的主观体验不是物理科学理论能够解释得了的。[225]

查尔莫斯说，我们不能因为“难的问题”无法用物理学解释就放弃研究。他主张，哲学家和神经科学家应该超越物理科学范畴，转而采用一种新的研究思路。他推测，引起意识的原因应该不是一种物理定律，而可能是一种将人的意识世界中的各种事件联系起来的非物理定律。这有点类似于弗洛伊德的观点，尽管弗洛伊德的理论现在被广泛认为言过其实，但是，他的精神分析理论的一个重要部分就是研究人的各种意识活动之间的关系。查尔莫斯的观点是，如果顺着弗洛伊德的这个思路进行研究，说不定可以找到打开意识之谜的钥匙。

我们在矩阵中吗？

第一章曾经提出过这样一个问题：我们有没有可能现在正生活在别人设计出来的电脑程序里？查尔莫斯认为，这种可能性不是完全没有。他在 2010 年的《意识的特点》一

[225] Chalmers, "Facing Up to the Problem of Consciousness", 205, 207-208.

书中，就专门描述了一个“矩阵”（也就是一种超级电脑程序）。他这样写道：

假设有一个模拟出来的矩阵……假设这个矩阵可以模拟世界上的所有物理现象，并且可以追踪时空中的每一个粒子。假设在这个模拟的矩阵中，一个真人与一个模拟人（即通过电脑程序模拟出来的一个人）相连接。每当真人接收到任何信息，模拟人也将接收到完全相同的信息；而每当真人的大脑产生任何反应，同样的反应会被输入到模拟人的大脑中。

如果这样的矩阵真的有可能存在，那么我们马上就会想到这样一个问题：我如何知道我现在不是处于这样一个矩阵中呢？不管怎么说，矩阵中将有一个与我的大脑完全一样的大脑，而且模拟大脑与真正大脑所经历的东西（包括接收到的信息以及输出的反应）是完全一样的。因此，我根本不可能确切知道我是不是正处于一个模拟矩阵之中。[226]

美国华纳兄弟公司于 1999 年出品的科幻影片《黑客帝国》正是基于这样一个情境。这个电影的英文名字（The Matrix）如果直译就是“矩阵”，而“黑客帝国”这个中文片名只是意译。

查尔莫斯认为，他描述的这种矩阵并不只是个毫无根据的假设，而是一种实实在在

[226] Chalmers, The Character of Consciousness, 456-457.

的可能性。设想一下，如果科兹威尔（第一章已谈到）等关于“未来人工智能可以模拟人脑”的预言真成为现实，那么，到那个时候，人类完全有可能进一步创建出一个对整个世界的模拟程序。再设想一下，如果在我们这个世界之外真的还有很多个另外的世界，那么那里的智慧生命可能早就开发出了这样的模拟程序，而我们可能就身处他们创造出的模拟世界之中。虽然这个推理听上去很疯狂，但是，至少从理论上来讲，这种可能性是存在的。如果真是那样，那么我们对于世界的认识其实只是源于计算机向我们的模拟大脑发送的数字信号。查尔莫斯认为：不论这个假设听上去多么大胆，有一点似乎是肯定无疑的，那就是我们现在无法完全排除这种可能性。[227]

我们可以从两个方面去理解查尔莫斯的这个“奇谈怪论”。首先，这个模拟的矩阵是由一个或一些“超级工程师”（让我们姑且这么称呼）设计并创造出来的。其次，假如我们身处这样的矩阵之中，那么我们所观察到的物理世界并不是真实的，原子、分子以及更小的粒子（比如夸克、电子和光子）都是由电脑程序创造出来的，而且这个电脑程序让我们误以为它们就是真实存在的基本粒子。第五章还将详细解释，我们用肉眼观察到的物体（比如桌子和椅子）看似真实，但如果从量子力学的角度去看，实际上这些东西与我们所想的不太一样。[228]

[227] Chalmers, The Character of Consciousness, 457.
[228] Chalmers, The Character of Consciousness, 460-461.

我们都在矩阵中吗？（插图来源：Thinkstockphotos）

英国剑桥大学教授巴罗与查尔莫斯有着相似的看法。巴罗是英国著名天文家、理论物理学家、数学家，曾经在 2015 年获得由英国物理学会颁发的著名的狄拉克奖，并在 2016 年获得由英国皇家天文学会颁发的金质奖章。他说：我们可能正生活在别人设计的模拟程序之中，这个看法虽然听上去让人惊愕，但它作为一种理论上的可能性无法被完全排除。[229]

[229] Barrow, The Infinite Book, 204.

第五章　东西也能思考吗？

量子力学是 20 世纪最重要也最令人难以理解的科学发现之一。著名物理学家费恩曼在谈到量子力学的时候曾经说：“我不会尝试给大众讲量子力学，因为即使我用最简单的方式讲，普通人也没有办法搞明白。”[230]

但是，普通读者至少应该大概了解一下量子是怎么回事，因为这有助于他们了解这个世界的神奇。

[230] Feynman, QED: The Strange Theory of Light and Matter, xxv, 9.

诡异的量子

“量子”这个概念最早由德国物理学家马克斯·普朗克（Max Planck，1858—1947）在 1900 年的时候正式提出，它指的是，在微观世界中，某些物理量的变化是以最小的单位跳跃式进行的，而不是连续的，这个最小的单位就叫量子，而“量子力学”就是关于量子运动的理论。许多物理学家将量子力学视为了解和描述自然的基本理论。

德国硬币上的普朗克头像（插图来源：Thinkstockphotos）

自从普朗克提出量子的概念之后，经过包括爱因斯坦和玻尔等许多物理学大师的创新努力，到了 20 世纪 30 年代已经初步建立了一套完整的量子力学理论。其中，20 世纪 20 年代是量子力学快速发展的时期。那时，第一次世界大战刚结束不久，世界经济和社会正在经历巨变。但是，时局的混乱显然没有影响到物理学家在科学探索上取得巨大成就。那个时候，爱因斯坦从事研究的时间已经较少，普朗克也是如此。但是，德国出现了一批年轻的物理学家，他们经常与玻尔合作，并一起成就了 20 年代理论物理学的辉煌时代。量子力学的主要创始人维尔纳·海森堡（Werner Heisenberg，1901—1976）就是其中之一，他在 1925 年发现量子力学的时候只有二十几岁。与他一起发现量子力学的是奥地利物理学家薛定谔，他对量子力学的数学公式进行了改进。除了他们两位之外，还有一些“接近于伟大”的物理学家，包括马克斯·玻恩（Max Born，1882—1970）、沃尔夫冈·泡利（Wolfgang Pauli，1900—1958）以及赫尔曼·外尔（Hermann Weyl，1885—1955）。除了这些德国（或德系）物理学家之外，英国的保罗·狄拉克（Paul Dirac，1902—1984）和法国的路易斯·德布罗意（Louis de Broglie，1892—1987）也是 20 世纪二三十年代的物理名人堂成员，都对量子力学的发展做出了突出贡献。

不过，在那之后，物理学进步的速度放慢了许多，在 20 世纪的剩余时间里，再也没有出现像爱因斯坦和海森堡那样级别的人物。但是，有一位物理学家在 20 世纪后半段的量子力学研究中异常突出，那就是费恩曼。在 1999 年的时候，英国的《物理世界》期刊曾对全球 130 位知名物理学家做过一个调查，评选历史上最伟大的物理学家，结果费恩曼排在了第 7 位，前 6 位分别是爱因斯坦、牛顿、麦克斯韦、玻尔、海森堡、伽利略。费恩曼是排在前 10 位的唯一一位第二次世界大战之后的物理学家。[231]

费恩曼出生在美国纽约，毕业于麻省理工学院，后来大部分时间都在加利福尼亚理工学院工作。他是“量子电动力学”（也就是把量子力学与传统的电动力学结合在一起的科学）的主要创始人[232]，并因为这方面的突出贡献在 1965 年获得了诺贝尔物理学奖。费恩曼的传记作家詹姆斯·格雷克（James Gleick）是这样评价他的：费恩曼在 40 年代末 50 年代初的工作“为下一代的物理学家开创了一个现代纪元。”[233]

费恩曼本人很喜欢以通俗易懂的方式让大众了解物理。但是，他在 1985 年的时候谈到，要想把物理学上那些复杂的数学公式以常人听得懂的方式表述出来，是非常难的，

---

[231] Tindol, “Physics World Poll Names Richard Feynman One of 10 Greatest Physicists of All Time”.

[232] 其他创始人包括美国物理学家戴森、美国物理学家朱利安·施温格（Julian Schwinger, 1918–1994）以及日本物理学家朝永振一郎 (Sin-Itiro Tomonaga，1906–1979)。

[233] Gleick, Genius, 271.

很多时候，做这件事的人只是让听众错误地认为自己懂了，但其实他们并没懂，这是因为：物理的精髓是数学，而高深的数学往往超出了普通人的理解力。费恩曼表示：他不会尝试给大众讲量子力学，因为即使他用最简单的方式讲，普通人也没有能力搞明白。尽管如此，他还是鼓励读者多了解一点量子力学，因为他们根本不用担心自己搞不懂。他开玩笑地说："我教的那些学物理专业的学生也搞不懂，因为我这个老师就没有搞懂，实际上，根本就没有人懂。"[234]

"不用担心自己搞不懂，因为物理专业的学生也搞不懂。"（插图来源：Thinkstockphotos）

---

[234] Feynman, QED: The Strange Theory of Light and Matter, xxv, 9.

断地拓展着自己的里程）所呈现出的基础量子现象被我们的观测行为打断的时候，只有当我们通过观测做出记录（比如，“对，就是这个方向”或“不，是另一个方向”）的时候，只有到了那个时候，我们才可以说，我们总算知道了这个光子的偏振方向。我们不可避免地会有这样一种感觉：我们在现在这个时间和这个地点，用分析仪器对光子的偏振方向进行延迟观测，这使得我们对于观测到的结果（也就是光子的过去）有着不可推卸的、不可挽回的、不可避免的影响。[239]

简单地说，观测者的意识会影响到粒子的行为。因此，在物理学家看来，我们观察到的“自然界”就这样与“人的意识世界”结合在一起，成为一个神秘的整体。从这个意义上来讲，似乎是意识影响了物质，而且物质不再是我们以前认为的那样是完全客观的。

超越了常识

在 20 世纪，许多伟大的物理学家在做出了科学发现之后，都会通过写文章的方式向

[239] Wheeler, At Home in the Universe, 181.

非专业人士解释他们的新发现及其对世界的影响。玻尔、爱因斯坦、海森堡和薛定谔等都这么做过。

玻尔是量子力学发展史上的关键人物。他在 1913 年的时候提出了电子环绕原子核运动的模型（被后人称为“玻尔模型”），为量子力学在 20 世纪 20 年代的发展提供了关键的理论支持，这项成就也使他获得了 1922 年的诺贝尔物理学奖。在此后的几十年里，玻尔一直是世界上最有影响力的物理学家之一。现在，玻尔是公认的历史上最伟大的物理学家之一。1938 年的时候，他在《自然哲学与人类文化》一文中写道：20 世纪物理学的进展已经说明，我们应该改变观念，包括我们对于最基本的概念（比如时间和空间）的认识。他说：有一些问题，我们很久以前就认为已经解决了，但是现在，我们非常惊讶地发现，我们之前的认识是错误的。[240] 玻尔指出：在量子力学出现之前，物理学家认为，观察方法对于观察对象的行为没有影响，自然界是完全客观的存在；而现在，物理学家再也不能这样想了。

玻尔在 1957 年的时候（他于 1962 年去世）写道：关于人在世界中的位置这个问题，过去的那种机械性思维已经过时了，特别是在“灵魂与身体的关系”这个重要问题上，

---

[240] Bohr, “Natural Philosophy and Human Cultures”, 23-24.

我们需要重新思考。[241] 玻尔在这里所说的灵魂与身体的关系，指的就是第四章讨论过的那个问题，也就是，在量子力学之前，人们普遍认为灵魂是不存在的，但是，在量子力学之后，这个问题再次被热议。

20 世纪二三十年代的物理学家们经常在一起讨论他们的新发现到底意味着什么。比如，玻尔就经常在这些会上与爱因斯坦进行争论。爱因斯坦曾经说过一句著名的抱怨量子力学的话："上帝不掷骰子"。[242] 爱因斯坦相信一个类似于上帝的超自然存在，而且他认为上帝创造的世界应该是可观测、可预测的，但是，量子力学具有很大的不确定性，就像掷骰子一样无法预知结果。

"上帝不掷骰子"（插图来源：Thinkstockphotos）

[241] Bohr,"Atoms and Human Knowledge", 91.

[242] Lindley, Uncertainty.

除了玻尔之外，很多其他物理学家也写了很多类似文章。例如，量子力学的发现者之一海森堡在《量子力学的哲学问题》中说道：鉴于 20 世纪物理学的新发现，我们需要重新看待人与自然的关系，物理学的研究对象不再是纯物质，例如，现在的原子理论与以前的物理学研究就很不一样，我们不能再用传统的物质观去研究原子，因为原子已经不再是传统意义上的物质。[243]

海森堡以数学上的“虚数”为比方来说明这个问题。“虚数”这个词由 17 世纪的著名数学家笛卡儿创立，指的是一个负数的平方根，之所以说它是虚数，是因为这样的数是不存在的（负数不可能有平方根）。数学家在引入虚数这个抽象概念之后，可以为某些数学计算提供方便。在 20 世纪的物理学发展过程中，有一些最有用的物理函数的数学计算就是以虚数为基础的。换句话说，虚数虽然是个不存在的东西，但可以用来进行科学计算，并用于解释和预测现实世界的现象。

海森堡解释道：在现代物理学中，我们不能简单地把原子看成是物质。就好像虚数只是一个想象出来的概念一样，物理学家只是在引入原子这个概念之后，才有可能对物理和化学定律进行相对简单的表述。亚原子世界的那些定律虽然是“想象”出来的，但

[243] Heisenberg, Philosophical Problems of Quantum Physics, 55-56.

是对于我们理解“现实的物质世界”是极其有效的。

伟大的物理学家薛定谔也曾经做过类似的论述。他在 1915 年的时候这样写道：“当我们开始谈论构成物质的最小粒子的时候，似乎不能再把它们看成是物质。它们只不过是单纯的形状。是的，它们只是形状，不是别的。我们在一次又一次的观测中所看到的，只是形状，而不是物质微粒。”薛定谔的这种论述反映出，20 世纪的物理学特别是量子力学的发展，使得世界上最顶尖的物理学家摒弃了 19 世纪的那种机械性思维方式。薛定谔解释说：

> 随着我们的眼睛可以观察到越来越微小的距离以及越来越短的时间，我们发现：大自然的行为与我们周围那些看得见和感受得到的东西完全不同，我们根据大尺度试验设计出来的（反映现实世界的）模型，一旦应用于微观世界，就完全不对了。（如果我们试图根据我们对于自然界的直接经验，把我们的那些关于宏观物质世界的常识应用于量子世界，那么，我们就会发现，）我们不仅没有可能设计出任何令人满意的模型，而且根本就连想都不必想。说得更准确一点，我们当然还是可以去想，但是，无论我们如何苦思冥想，想出来的模型都会是错的。我们能够想出来的模型，虽然可能还不至于像“三角形的圆形”那样毫无意义，但肯定比“长翅膀的狮子”要离谱

得多。[244]

著名物理学家、1963 年诺贝尔物理学奖获得者维格纳曾经在《关于心灵与身体的关系的几点看法》一文中这样写道：在量子力学中，观测者的意识会影响粒子的行为，也就是说，我们对于波函数的所有认识都来自于我们的意识。因此，他认为，哲学上的“唯我论”可能并非毫无道理。[245] 所谓唯我论，指的是只有我的意识才是真正的确定的存在，而我的意识之外的任何东西都是不确定的。一直以来，唯我论被普遍认为是一种极端的主观主义思想，但是，在维格纳看来，到了微观粒子这个层面，唯我论可能是有一定道理的，因为一个粒子只有在人实施观测的时候才会确切地存在，否则，它都是不确定的。

阿瑟·爱丁顿（Arthur Eddington，1882—1944）是 20 世纪最重要的物理学家之一。他是最早认识到爱因斯坦的相对论对于物理学的重要性的物理学家之一。爱因斯坦在广义相对论中曾经做了一项极为精确的推断，认为光线在通过恒星（即太阳）的引力场时会产生轻微弯曲，爱丁顿在 1919 年组织了一次著名的国际实验，确认了爱因斯坦的这个

[244] Schrodinger, Nature and the Greeks, and Science and Humanism, 125, 129-130.
[245] Wigner, “Remarks on the Mind-Body Question”, 169, 171, 173.

推断，为爱因斯坦的相对论提供了一个实证支持，使得爱因斯坦迅速成为国际科学巨星。爱丁顿从 1938 年开始担任国际天文学联合会主席，直至去世。他写了大量的科学专著和通俗读物。其中，随着相对论得到验证以及量子力学在 20 年代的发展，他投入了很多精力向人们宣传物理学的这些最新发展对于我们的传统世界观的颠覆性影响。

1929 年的时候，爱丁顿在《科学与隐藏的世界》一书中写道：在 19 世纪的时候，人们认为世界是由物质构成的，但是现在，这个看法不再是对的，科学再也不能把现实世界简单地具象化，在 20 世纪的物理学新世界中，不能再用以前的老眼光了。[246] 他这样写道：

我想指出的是，我们不能再像过去那样，一找到一点科学规律，就马上欢呼雀跃地说："我们这就寻到问题的根子了，这就是事情的本质，这就是最终的真实世界。"今天的物理学已经不可能只满足于这样的简单认识了。

与过去相比，现在的最大变化可能是，我们再也不能因为大自然中的精神现象看不见摸不着就否认它的存在。物理学发展到今天，我们已经不再认为真正的东西必须是看得见摸得着的具体存在。实际上，即使在古代哲学中，也是有例外的，例如，

[246] Eddington, Science and the Unseen World, 51.

时间尽管看不见摸不着，但我们必须承认它是个真实的存在。[247]

爱丁顿还对主流哲学家们关于大脑意识问题的解释提出了挑战。他们的普遍看法是：人的大脑是由一些电粒子构成，这些粒子的运动使得大脑可以产生并且储存思想。爱丁顿对这种观点提出了质疑，他举了这样一个例子：假设听众正在听他的一个讲座，当他讲到某个观点时，听众的大脑会自然而然地对这个观点做出判断。传统的看法是，听众的大脑之所以做出了判断，是大脑里面电粒子运动的结果。这就相当于说：对于任何听众而言，爱丁顿的观点是否正确，将由他们各自大脑里面的电粒子的运行方式来决定，而这些粒子的运行方式，是由自然界某种颠扑不破的定律来决定的。[248] 爱丁顿认为，我们要想证明这种看法的正确性，是非常难的，一个人如果没有充分认识到这件事情的难度，那他只能算是一个肤浅的思想者。爱丁顿还特别指出了不少人的一个常见逻辑错误，比如，你问某人："你认为宇宙中的物质运动对于人的思想有什么影响？"这个人说："因为物质决定意识，所以人的思想一定是由宇宙中的物质运动决定的。"可是，这在逻辑上是讲不通的，因为这就好比你问某人"A 是正确的吗？"那人回答说"因为 A 是正确

---

[247] Eddington, Science and the Unseen World, 32-33.

[248] Eddington, Science and the Unseen World, 60-61.

的，所以它必须是正确的。”这种逻辑对于科学探索不仅没有丝毫帮助，而且授人以笑柄，严谨的科学工作者一定不能如此肤浅，而是至少要首先做到逻辑正确。[249]

[249] Eddington, Science and the Unseen World, 60-61.

结语

1998 年春天，我在国家环境保护局（生态环境部的前身）工作期间，曾经在加拿大西门菲沙大学短期学习。当时，我住在一个本地人家里，那家有两个孩子，其中的老大虽然只有 9 岁，但非常自信和健谈，对许多事情都能发表一番看法。有一天，当他又一次在全家人和我面前“高谈阔论”时，他的父亲终于听不下去了，悄悄对我半开玩笑半认真地说：“他又在为自己的无知做广告。”的确，虽然这个孩子相对于同龄人来说已经相当有思想了，但在成年人看来，他说出的那些思想其实正暴露了他的不成熟。

无知者无畏。当一个孩子如此无知无畏时，我们不仅不会嘲笑他，而且还会欣赏他初生牛犊不怕虎的精神。但是，任何一个受过良好教育的成年人都至少应该知道，一个人无论学识多高，见识多广，都只是坐井观天，因为他只知道他已经知道的，而不可能知道他还不知道的，而且，他现在笃信不疑的东西，将来可能被证明是错的。当然，一个人不应因为自己无知就不敢讲话，但是，他只有真正认识到自己无知，才会敬畏并有欲望去进一步探索这个如此神奇的世界。

这本书向读者传递的最重要信息，就是我们的所知是多么有限。

来的。例如，虽然科学家发现了电磁波的存在，并且利用电磁波规律发明了无线电、电灯、电视以及很多其他科技产品，但是，科学家无法解释，为什么电磁波所遵循的规律如此精确，就像是人为设计出来的。

虽然我们早就接受“人是进化来的”这样一个基本事实，但是，达尔文提出的基于自然选择的进化论遭到了越来越多的科学家的质疑，那么，到底是怎样一个进化过程，才最终造就了人类这个神奇的物种，包括人脑这个世界上最神奇的器官？

我现在正在电脑前写书，当我想出某句话的时候，我的手就会敲击键盘，把这句话打出来。很多普通读者可能从未想过这件事有多么神奇，但是，在科学家眼里，这太神秘了，人的大脑是一个物质的东西，它为什么能产生非物质的意识？意识虽然看不见摸不着，却能支配身体动作，并进行逻辑推理和科学研究，这到底是怎么回事？不少科学家悲观地认为，人类可能永远也找不到这个问题的答案。

同样让科学家百思不得其解的是，为什么细胞似乎也有灵性，而且物质一旦到了微观粒子层面似乎也有意识？难道我们以前的世界观错了吗？

对于这个奇妙的世界，我们已经了解了多少？是 10%？ 1%？ 0.1%？还是更少？这个问题显然无法回答，因为我们不可能知道我们还不知道的东西到底有多少。但是，我们只有真正认识到自己的无知，才会敬畏并有愿望进一步探索世界，也才不会天真地认为我们已经洞悉了世界的规律，更不会自大地认为人定胜天。

让我用著名物理学家费恩曼的一段话作为整本书的结束语：现代文明的一大支柱就是对于未知的探索，而要探索未知，就要首先承认我们的无知。要认识到，我们自以为已经知道的任何东西都可能是不确定的。简言之，求知必须谦卑。[252]

[252] Feynman, The Meaning of It All, 47-48.

原著部分参考文献

Angell, Marcia. "The Epidemic of Mental Illness: Why?" *The New York Review of Books*, June 23, 2011.

Baker, Mark C., and Stewart Goetz. "Introduction". In *The Soul Hypothesis: Investigations into the Existence of the Soul*, edited by Marc C. Baker and Stewart Goetz. New York: Continuum, 2011.

Barrow, John D. *The Infinite Book: Where Things Happen That Don't*. London: Jonathan Cape, 2005.

Barrow, John D. *The Constants of Nature*. London: Jonathan Cape, 2002.

Bellah, Robert N. *Religion in Human Evolution: From the Paleolithic to the Axial Age*. Cambridge, MA: Harvard University Press, 2011.

Bilbro, Jeffrey. *Loving God's Wilderness: The Christian Roots of Ecological Ethics in American Literature*. Tuscallosa, AL: University of Alabama Press, 2015.

Blackmore, Susan. *Consciousness: An Introduction*. New York: Routledge, 2010.

Bohr, Niels. "Atoms and Human Knowledge". In *Atomic Physics and Human Knowledge*. Mineola, NY: Dover, 2010.

Bohr, Niels. "Natural Philosophy and Human Culture". In *Atomic Physics and Human Knowledge*.

Mineola, NY: Dover, 2010.

Bohr, Niels. *The Philosophical Writings of Niels Bohr, Volume II: Essays 1933-1957 on Atomic Physics and Human Knowledge.* Woodbridge, CN: Ox Bow Press, 1987.

Brasier, Martin. "The Battle of Balliol". In *Lynn Margulis: The Life and Legacy of a Scientific Rebel*, edited by Dorion Sagan. White River Junction, VT: Chelsea Green, 2012.

Breger, Herbert. "God and Mathematics in Leibniz's Thought". In *Mathematics and the Divine: A Historical Study*, edited by T. Koetsier and L. Bergmans. Amsterdam: Elsevier, 2005.

Bucher, Rainer. *Hitler's Theology: A Study in Political Religion*, translated by Rebecca Pohl. London: Continuum, 2011.

Chalmers, David J. *The Character of Consciousness*. New York: Oxford University Press, 2010.

Chalmers, David J. *The Conscious Mind: In Search of a Fundamental Theory*. New York: Oxford University Press, 1996.

Chalmers, David J. "Facing Up to the Problem of Consciousness". *Journal of Consciousness Studies* 2:3 (March 1995).

Cohen, Daniel J. *Equations from God: Pure Mathematics and Victorian Faith*. Baltimore: Johns Hopkins University Press, 2007.

Comfort, Ray. *Hitler, God & the Bible*. Washington, DC: WND, 2012.

Coyne, Jerry A. *Why Evolution is True*. New York: Viking, 2009.

Cuevas, John De. "Mind, Brain and Behavior". *Harvard Magazine*, November/December 1994.

Davies, Paul. *Cosmic Jackpot: Why Our Universe Is Just Right for Life*. New York, NY: Orion Publications. 2007.

Davies, Paul."A Brief History of the Multiverse". *New York Times*, April 12, 2003.

Davis, Philip J. and Reuben Hersh. *The Mathematical Experience*. Boston: Mariner Books, 1998.

Dawkins, Richard. *The God Delusion*. Boston: Houghton Mifflin, 2006.

Dawkins, Richard. *The Selfish Gene*. New York: Oxford University Press, 1976.

Dennett, *Daniel C. Darwin's Dangerous Idea: Evolution and the Meaning of Life*. New York: Simon and Schuster, 1996.

Dennett, Daniel C. *Consciousness Explained*. Boston: Little, Brown, 1991.

de Pater, Cornelis. "An Ocean of Truth". In *Mathematics and the Divine: A Historical Study*, edited by L. Koetsier and L. Bergmans. Amsterdam: Elsevier, 2005.

Deutsch, David. *The Beginning of Infinity*. Viking, 2011.

Dicke, R. H. "Dirac's Cosmology and Mach's Principle". *Nature*. 192 (4801): 440-441, January 4,

1961.

Donald, Merlin. *Origins of the Modern Mind: Three Stages in the Evolution of Culture and Cognition*. Cambridge, MA: Harvard University Press, 1991.

Dudley, Underwood. "Introduction to Chapter 2". In *Is Mathematics Inevitable: A Miscellany*, edited by Dudley Underwood. Washington, DC: Mathematical Association of America, 2008.

Dworkin, Ronald. "Religion Without God". *New York Review of Books*, April 4, 2013.

Dworkin, Ronald. *Religion Without God*. Cambridge, MA: Harvard University Press, 2013.

Dyson, Freeman. "How We Know". *New York Review of Books*, March 10, 2011.

Eccles, John C. *Evolution of the Brain: Creation of the Self*. New York: Routledge, 1989.

Eddington, Arthur Stanley. *Science and the Unseen World*. New York: Macmillan, 1929.

Einstein, Albert. "Maxwell's Influence on the Development of the Conception of Physical Reality". In *The Dynamical Theory of the Electromagnetic Field*, edited by Thomas F. Torrance. Eugene, OR: Wipf and Stock, 1996.

Einstein, Albert. "On the Generalized Theory of Gravitation". In *Ideas and Opinions*, 341-356. New York: Three Rivers Press, 1982.

Einstein, Albert. "Religion and Science". In *Ideas and Opinions*, 40. New York: Three Rivers Press,

1982.

Einstein, Albert. "The Religious Spirit of Science". In *Ideas and Opinions*, 40. New York: Three Rivers Press, 1982.

Einstein, Albert. *Relativity: The Special and General Theory*. Translated by Robert W. Lawson. New York: Random House, 1961 [1920] .

Eldredge, Niles. "Foreword: Undreamt Philosophies". In *What is Life?* by Lynn Margolis and Dorion Sagan. Berkeley: University of California Press, 1995.

Enck, Paul, Fabrizio Benedetti and Manfred Schedlowski. "New Insights into Placebo and Nacebo Responses". *Neuron*. 59:2 (July 2008).

Feser, Edward. *Philosophy of Mind*. Oxford, UK: One World, 2006.

Feynman, Richard P. *The Meaning of It All: Thoughts of a Citizen-Scientist*. New York: Basic Books, 1998.

Feynman, Richard P. *Six Easy Pieces: Essentials of Physics Explained by Its Most Brilliant Teacher*. New York: Basic Books, 1989.

Feynman, Richard P. *QED: The Strange Theory of Light and Matter*. Princeton: Princeton University Press, 1985.

Fodor, Jerry. "Against Darwinism". *Mind & Language*. 23:1 (February 2008).

Fodor, Jerry. "The Big Idea: Can There Be a Science of the Mind?" *Times Literary Supplement*, July 3, 1992.

Fodor, Jerry and Massimo Piatelli-Palmarini. *What Darwin Got Wrong*. New York: Farrar, Straus and Giroux, 2010.

Forrest, Barbara and Paul R. Gross. *Creationism's Trojan Horse: The Wedge of Intelligent Design*. Oxford University Press, 2004.

Frenkel, Edward. *Love & Math: The Heart of Hidden Reality*. New York: Basic Books, 2013.

Gallup Poll. "Landing a Man on the Moon". July 20, 1999. Online: http://www.gallup.com/poll/3712/landing-man-moon-publics-view.aspx.

Gleick, James. *Genius: The Life and Science of Richard Feynman*. New York: Vintage Books, 1992.

Gocke, Benedikt Paul. "Introduction". In *After Physicalism*, edited by Benedikt Paul Gocke. Notre Dame, IN: Notre Dame University Press, 2012.

Gould, Stephen Jay. *Punctuated Equilibrium*. Cambridge, MA: Harvard University Press, 2007.

Gould, Stephen Jay. "Evolution: The Pleasures of Pluralism". *New York Review of Books*, June 26, 1997.

Gould, Stephen Jay. "Darwinian Fundamentalism". *New York Review of Books*, June 12, 1997.

Grafen, Alan and Mark Ridley, eds. *Richard Dawkins: How A Scientist Changed the Way We Think*. Oxford: Oxford University Press, 2006.

Gray, John. "The Closed Mind of Richard Dawkins: His Atheism is its own Kind of Narrow Religion". *New Republic*, October 2, 2014.

Gribbin, John and Martin Rees. *Cosmic Coincidences: Dark Matter, Mankind, and Anthropic Cosmology*. Bantam Books, 1989.

Hardy, G. H. *A Mathematician's Apology*. New York: Cambridge University Press, 1992 [1940].

Hawking, Stephen. *A Brief History of Time*. Bantam Books, 1988.

Heisenberg, Werner. *Philosophical Problems of Quantum Physics*. Woodbridge, CT: Ox Bow Press, 1979.

Hodgson, Geoffrey M. "Social Darwinism in Anglophone Academic Journals: A Contribution to the History of the Term", *Journal of Historical Sociology*, Vol. 17 No. 4: 428-463, December 2004.

Hoelzl, Michael. "Introduction: The Study of the Phenomenon of Adolf Hitler in Theology" to Rainer Bucher, *Hitler's Theology: A Study in Political Religion*, translated by Rebecca Pohl. London: Continuum, 2011.

Holder, Rodney. *Big Bang, Big God: A Universe Designed for Life?* Oxford, UK: Lion, 2013.

Hoyle, Fred. *The Intelligent Universe*. Holt, Rinehart and Winton, 1988.

Kanigel, Robert. *The Man Who Knew Infinity: A Life of the Genius Ramanujan*. New York: Washington Square Press, 1991.

Kerr, Hugh T. *Calvin's Institutes: A New Compend*. Louisville, KY: Westminster/John Knox Press, 1989.

Kirschener, Marc W. and John C. Gerhart. *The Plausibility of Life: Resolving Darwin's Dilemma*. New Haven, CN: Yale University Press, 2005.

Koetsier, T. and L. Bergmans, eds. *Mathematics and the Divine: A Historical Study*. Amsterdam: Elsevier, 2005.

Koonin, Eugene V. *The Logic of Chance: The Nature and Origin of Biological Evolution*. Upper Saddle River, NJ: FT Press Science, 2011.

Kurzweil, Ray. *The Singularity is Near: When Humans Transcend Biology*. New York: Viking, 2005.

Lindley, David. *Uncertainty: Einstein, Heisenberg, Bohr, and the Struggle for the Soul of Science*. New York: Anchor Books, 2008.

Livio, Mario. *Is God a Mathematician?* New York: Simon and Schuster, 2009.

Mann, Charles. "Lynn Margulis: Science's Unruly Mother". *Science,* 5004 (April 19, 1991) , 378-381.

Manuel, Frank E. *The Religion of Isaac Newton*. Oxford, UK: Clarendon Press, 1974.

Margulis, Lynn. *Symbiotic Planet: A New Look at Evolution*. New York: Basic Books, 1998.

Margulis, Lynn and Dorion Sagan. *Dazzle Gradually: Reflections on the Nature of Nature*. White River Junction, VT: Chelsea Green Publishing, 2007.

Margulis, Lynn and Dorion Sagan. *Acquiring Genomes: A Theory of the Origins of Species*. New York: Basic Books, 2002.

Margulis, Lynn and Dorion Sagan. *What is Life*. University of California Press, August 31, 2000.

Martin, Barclay. "The Mystery of Consciousness, Con't". *New York Review of Books*, September 29, 2011.

Mayr, Ernst. *What Evolution Is*. New York: Basic Books, 2001.

McGinn, Colin. "Solving the Philosophical Mind-Body Problem". In *Consciousness and its Objects*, 56-76. New York: Oxford University Press, 2004.

McGinn, Colin. *Consciousness and its Objects*. New York: Oxford University Press, 2004.

McGinn, Colin. *The Mysterious Flame: Conscious Minds in a Material World*. New York: Basic Books, 1999.

McGinn, Colin. "Can We Ever Understand Consciousness?" *New York Review of Books*, June 10, 1999.

McGinn, Colin. "Can We Solve the Mind-Body Problem?" *Mind*, 98 (July 1989).

Midgley, Mary. *Evolution as a Religion: Strange Hopes and Stranger Fears*. New York: Routledge, 2002 [1985].

Mooney, Christ. "Study Finds Placebo Effect in Eco-Labeling". *Washington Post*, April 24, 2015.

Mueller, Ian. "Mathematics and the Divine in Plato". In *Mathematics and the Divine: A Historical Study* , edited by T. Koetsier and L. Bergmans. Amsterdam: Elsevier, 2005.

Nagel, Thomas. *Mind and Cosmos: Why the Materialist Neo-Darwinian Conception of Nature is almost Certainly False*. New York: Oxford University Press, 2012.

Nagel, Thomas. *Other Minds: Critical Essays, 1969-1994*. New York: Oxford University Press, 1995.

Nagel, Thomas. "The Mind Wins!" *New York Review of Books*, March 4, 1993.

Nagel, Thomas. "What is it Like to Be a Bat?" *Philosophical Review*, 83:4 (October 1974).

Noble, Denis. "Science, Music, Philosophy: Margulis at Oxford". In *Lynn Margulis: The Life and Legacy of a Scientific Rebel*, edited by Dorion Sagan. White River Junction, VT: Chelsea Green, 2012.

Pais, Abraham. *Subtle is the Lord: The Science and the Life of Albert Einstein.* New York: Oxford University Press, 2005.

Penrose, Roger. *The Road to Reality: A Complete Guide to the Laws of the Universe*. New York: Vantage, 2007.

Penrose, Roger. *The Large, the Small and the Human Mind* (with Abner Shimony, Nancy Cartwright, and Stephen Hawking). Cambridge University Press, 1997.

Penrose, Roger. *Shadows of the Mind: A Search for the Missing Science of Consciousness*. Oxford University Press, 1994.

Penrose, Roger. *The Emperor's New Mind: Concerning Computers, Minds, and the Laws of Physics*. New York: Oxford University Press, 1989.

Popper, Karl R. "Part I". In *The Self and its Brain: An Argument for Interactionism*, by Karl R. Popper and John C. Eccles. New York: Routledge, 1977.

Randall, John Herman. *Hellenistic Ways of Deliverance and the Making of the Christian Synthesis*. New York: Columbia University Press, 1970.

Redles, David. *Hitler's Millennial Reich: Apocalyptic Belief and the Search for Salvation*. New York: New York University Press, 2005.

Rees, Martin. *Just Six Numbers: The Deep Forces that Shape the Universe*. New York, NY: Basic Books; first American edition. 2001.

Richards, Robert J. "Darwin's Place in the History of Thought: A Reevaluation". In *In the Light of Evolution: Volume III, Two Centuries of Darwin*, edited by John C. Avise and Francisco J. Ayala. Washington, DC: National Academies Press, 2009.

Ruse, Michael. "The Darwinian Revolution: Rethinking its Meaning and Significance". In *In the Light of Evolution: Volume III, Two Centuries of Darwin*, edited by John C. Avise and Francisco J. Ayala. Washington, DC: National Academies Press, 2009.

Schrodinger, Erwin. *Nature and the Greeks*. New York: Cambridge University Press, 1996.

Schrodinger, Erwin. *Science and Humanism*. New York: Cambridge University Press, 1996.

Schwartz, Benjamin I. "The Age of Transcendence". *Daedalus*. 104:2 (Spring 1975).

Searle, John R. "The Mystery of Consciousness, Con't". *New York Review of Books*, September 29, 2011.

Searle, John R. "What is Consciousness?" *New York Review of Books*, June 23, 2005.

Searle, John R. " 'The Mystery of Consciousness': An Exchange". *New York Review of Books*, December 21, 1995.

Searle, John R. *The Rediscovery of the Mind*. Cambridge, MA: MIT Press, 1992.

Shapiro, James A. *Evolution: A View from the 21st Century*. Upper Saddle River, NJ: FT Press Science, 2011.

Shermer, Michael. "Glorious Contingency". *Metanexus*, February 15, 2000. Online: www.metanexus.net/print/4482.

Smolin, Lee. *Time Reborn: From the Crisis in Physics to the Future of the Universe*. New York: Houghton Mifflin Harcourt, 2013.

Spiro, Jonathan Peter. *Defending the Master Race: Conservation, Eugenics, and the Legacy of Madison Grant*. Lebanon, NH: University of Vermont Press, 2009.

Stark, Rodney. *Discovering God: The Origins of the Great Religions and the Evolution of Belief*. New York: Harper One, 2007.

Steigmann-Gall, Richard. *The Holy Reich: Nazi Conceptions of Christianity, 1919-1945*. New York: Cambridge University Press, 2003.

Takacs, David. *The Idea of Biodiversity: Philosophies of Paradise*. Baltimore: Johns Hopkins University Press, 1996.

Tegmark, Max. *Our Mathematical Universe, My Quest for the Ultimate Nature of Reality*. New York:

Knopf, 2014.

Tegmark, Max. “Importance of Quantum Decoherence in Brain Processes”. *Physical Review E*. 61 (4), 2000: 4194-4206.

“There is No Alternative: Virtually All Alternative Medicine is Bunk; But the Placebo Effect is Rather Interesting.” *The Economist*, May 21, 2011.

Tindol, Robert. “Physics World poll names Richard Feynman one of 10 greatest physicists of all time.” Caltech, February 2, 1999. Online: http://www.caltech.edu/article/12019.

Torrance, Thomas F. “Preface” to *The Dynamical Theory of the Electromagnetic Field* by James. Clerk Maxwell, edited by Thomas F. Torrance. Eugene, OR: Wipf and Stock Publishers, 1996.

Valiunas, Algis. “Einstein’s Quest for Truth”. *The New Atlantis*. No. 20 (Spring 2008).

Wallis, Faith. “ ‘Number Mystique’ in Early Medieval Computus Texts”. In *Mathematics and the Divine: A Historical Study*, edited by T. Koetsier and L. Bergmans. Amsterdam: Elsevier, 2005.

Ward, Peter, and Joe Kirschvink. *A New History of Life: The Radical New Discoveries about the Origins and Evolution of Life on Earth*. New York: Bloomsbury Press, 2015.

Weikart, Richard. *From Darwin to Hitler: Evolutionary Ethics, Eugenics, and Racism in Germany*. New York: Palgrave Macmillan, 2004.

Weinrich, Max. *Hitler's Professors: The Part of Scholarship in Germany's Crimes Against the Jewish People*. New York: Yeshiva Scientific Institute, 1946.

Wheeler, John A. *At Home in the Universe*. Woodbury, NY: American Institute of Physics Press, 1994.

Whitehead, Alfred North. *Process and Reality*. New York: The Free Press, 1978.

Wigner, Eugene P. "Remarks on the Mind-Body Question". In *Quantum Theory and Measurement*, edited by John Archibald Wheeler and Wojciech Hubert Zurek. Princeton, NJ: Princeton University Press, 1983.

Wigner, Eugene P. "The Unreasonable Effectiveness of Mathematics in the Natural Sciences". *Communications in Pure and Applied Mathematics*. Vol. 13, February 1960. Online: http://www.dartmouth.edu/~matc/MathDrama/reading/Wigner.html .

Wisnewki, Gerhard. *One Small Step: The Great Moon Hoax and the Race to Dominate Earth from Space*. East Sussex, UK: Clairview, 2007.

Yao, Shing-Tung, and Steve Nadis. *The Shape of Inner Space: String Theory and the Geometry of the Universe's Hidden Dimensions*. New York: Basic Books, 2010.

改写说明

本书主要是根据美国学者罗伯特·H. 尼尔森的英文著作《很像老天爷》[253] 改写而成。尼尔森是美国自然资源领域的权威学者，他在原著中对国际科学界关于宇宙起源以及人类进化发展的主要争论做了一个全面、清楚的概括，其内容涉及数学、物理、生物、哲学等多个领域。虽然我和他在一些问题上的个人看法不同，但这不妨碍我从他的书中得到非常多的收获，因此我觉得有必要把其中某些内容与更多的读者分享，这是我改写这本书的初衷。

之所以要改写，而不是单纯地翻译，有两个原因。第一个是，我对本书的定位是科普作品，所以最重要的写作标准就是客观。虽然尼尔森在原著中对于相关科学问题的描述很严谨，而且他引述的观点基本上都来自世界上最顶尖的科学家和思想家，但是，他也用很多篇幅阐述了自己在这些问题上的主观性看法。因此，我在改写时只利用了原著对相关科学问题的客观介绍，而舍弃了尼尔森的个人看法，并适当补充了一些内容。第

[253] Robert H. Nelson, God? Very Probably, Cascade Books, 2015.

二个原因是，原著是一本学术性较强的书，目标读者是西方的高级知识分子，其结构和内容呈现方式都不适合我国的普通读者。我改写时力求在保持必要的严谨性的同时，更加简单明了。总之，本书虽然利用了原著中的素材，但立意和呈现方式都不同，所以它们是不一样的两本书。

我的改写方式得到了尼尔森本人的理解和支持，他允许我完全根据自己的想法，突破原著的立意和结构，以创作出一本适合中国普通读者的读物。但非常遗憾的是，在本书即将付梓之际，他于 2018 年 12 月不幸去世。

书中有非常多的外国人名，我在翻译时采取了以下处理方式：第一，尊重约定俗成的译法以及国内正式出版物中的既有译法，如“Whitehead”译为“怀特海”。第二，在没有约定俗成或既有译法时，参照新华通讯社译名资料组编的《英语姓名译名手册（第二次修订本）》（商务印书馆，1989）。第三，很多外国人名由 3 个或 3 个以上的单词组成，为了方便中国读者阅读，我只保留了第 1 个和最后 1 个单词（本书原著作者的姓名除外），如：著名物理学家 James Clerk Maxwell 的名字，我只保留了“James Maxwell”，译为“詹姆斯·麦克斯韦”。第四，已经去世的科学家在书中第一次出现时，我在中文译名后面的括号里同时列出英文姓名以及生卒年份，如：詹姆斯·麦克斯韦

（James Maxwell, 1831—1879）；而在世的科学家第一次出现时，我只在括号里列出英文姓名，如罗杰·彭罗斯（Roger Penrose）。名字再次出现时，一般情况下只提姓，如麦克斯韦、彭罗斯。

感谢原著的出版机构美国维普夫和斯托克出版集团 (Wipf and Stock Publishers) 同意我对原著进行改写并允许我在中国寻求出版。

感谢美国科学院院士、美国国家生物技术信息中心生物学家尤金·库宁（Eugene Koonin）和生态经济学创始人之一、美国马里兰大学教授赫尔曼·戴利 (Herman Daly)，两位都是享誉世界的学者，他们尽管无法读懂中文，但在了解了我的改写意图和策略之后，欣然提供了推荐语。

感谢中国科学院物理研究所贾学军教授和中央财经大学孟辉教授对本书给予的认可和提供的书评。

我的同学和熟人是这本书的第一批读者。感谢常勇、江梅、陈定江等对书稿提出的看法或修改建议，特别感谢我的高中同窗吕洪智和大学同窗岳松堂提出的文字上的修改意见。

如果没有李敏编辑在出版阶段的策划、指导及认真细致地审校，这本书不可能是现在这个样子。

感谢林海波设计师的整体设计。封面上“铁丝网”的寓意是人们的思想经常被禁锢在原有认知里。

为本书做出贡献的还有其他工作人员，我不能一一致谢，但心怀感激。

书中如有任何错误或不当之处，都是作者本人的，与出版社以及上述人士无关。

马剑波

2019 年 3 月于北京